LE
GUIDE DU COMMERÇANT

CONTENANT

par lettre alphabétique

l'Adresse des Fabricants, Négociants, Commerçants
et Industriels du département du GARD

PAR J. VIGUIER

COMPOSITEUR D'IMPRIMERIE.

1854

NIMES

IMPRIMERIE TYPOGRAPHIQUE BALDY ET ROGER

Vis-à-vis l'entrée des Arènes.

UNE PRÉFACE

quand même.

Voici le *Guide* promis et si impatiemment attendu par le commerce. Si nous en avons différé la publication de quelques jours, ce n'a été que pour le rendre plus complet. On n'aura donc rien perdu pour avoir attendu, et nous espérons que l'on nous saura gré de ce petit retard.

Ainsi que l'on peut s'en assurer par les folios de notre première feuille, notre intention était de ne donner purement et simplement que l'adresse des Commerçants, sans autre commentaire, c'est-à-dire que nous ne voulions point écrire de préface.

A quoi bon, disions-nous, décorer l'entête de ce modeste ouvrage d'un préambule empirique, bon tout au plus à allumer le cigarre du voyageur qui l'aura en sa possession, ou à le faire rire aux dépens de son auteur ? Son titre ne dit-il pas assez ?........ Mais nous avons dû céder aux sollicitations de nos amis, lesquels, pour nous convaincre, nous donnaient pour argument : qu'un livre sans préface ressemblait à une figure sans nez...... Nous avons beaucoup ri de la *figure*... et nous avons promis de donner quelques lignes sous forme d'avertissement. Tant pis, si l'on en fait mauvais usage.

Nous commençons.

Le Guide du Commerçant est essentiellement utile à toute personne faisant un petit commerce. Ce livre manquait dans le Gard. Nous avons pris l'initiative, et de suite nous avons vu notre liste de souscription couverte d'un millier de signatures, dans Nimes seulement. Au début de notre entreprise, nous étions loin de prévoir un aussi heureux résultat, preuve irrécusable de l'utilité de cet ouvrage. Que MM. les Souscripteurs nous permettent de leur exprimer ici les sentiments de notre profonde reconnaissance pour l'appui bienveillant qu'ils ont prêté à notre publication.

Afin de rendre notre *Guide* plus mignon et plus portatif, nous avons choisi un des plus petits caractères d'imprimerie ; nous en avons serré les lignes et fait même parfois des abréviations qui ne peuvent nuire à sa lucidité. On comprend aisément qu'un livre de ce genre n'est pas et ne peut être un ouvrage de luxe, aux belles marges, susceptible d'orner les rayons d'une bibliothèque. Non, certes, il n'a pas cette prétention ; mais il a, dans sa

petitesse, un emploi non moins grand à remplir : serré dans la
poche ou placé sur le bureau du commerçant, il est là, serviteur
dévoué et fidèle, toujours prêt à satisfaire ses moindres désirs.
Voilà le rôle que nous avons voulu lui faire jouer. Si, malgré
notre bon vouloir, nous n'avons pas atteint tout-à-fait le but que
nous nous étions proposé, nous pensons que l'on nous pardon-
nera beaucoup en vue de nos bonnes intentions.

Toutefois, nous considèrerons nos efforts comme amplement
satisfaits, si les sympathies des commerçants qui ne sont pas
sur notre liste de souscription, nous permettent le placement
du petit nombre d'exemplaires que nous avons cru devoir leur
réserver ; ce sera , de plus , un encouragement pour mieux faire
à l'avenir. Amen.

J. V.

ADRESSES

par ordre alphabétique

DES COMMERÇANTS ET INDUSTRIELS

DU DÉPARTEMENT DU GARD.

ARRONDISSEMENT DE NIMES.

Nimes.

Agents de Change.

Messieurs

Chabert, place Balore.
Domergue, r. Mûrier-d'Espagne.
Espérandieu, r. des Marchands.
Gazay, chemin de Montpellier.
Julian père et fils, rue Séguier.
Laune, près l'Esplanade.
Lingcrat et Gibert, place Balore.

Apprêteurs d'étoffes et de châles.

Astruc, Terres-du-Fort.
Amphoux, Terres-du-Fort.
Aubert, rue de Soissons.
Berger, rue des Chasseintes.
Champagne, rue d'Aquitaine.
Clément, rue du Rempart.
Domergue, rue du Rempart.
Geauffret, rue d'Aquitaine.
Méjean, rue Vespasien.

Nuty, rue des Bénédictins.
Sabattier, rue d'Orléans.
Vidal, rue Baduel.

Arbitres de commerce.

Ginoux, rue des Frères-Mineurs.
Pioly, avenue Embarcadère.

Architectes.

Chambaud, rue de la Bazique.
Chapot, place St-Paul.
Durand, rue Rulman.
Feuchère, boul. de la Madeleine.
Laval, rue de la Lampèze.
Méjean, pl. Bouquerie.
Revoil, avenue Embarcadère.

Arquebusiers.

Coulange, chemin d'Avignon.
Gelly, chemin d'Avignon.
Mellot, rue Carrèterie.
Moral, boulevard St-Antoine.
Windisch, pl. de l'Hôt.-de-Ville.

Articles pour la fabrique de Nîmes. (Fabr.)
Burrier, rue Rangueil.
Gauffret, boulevard Grand-Cours.
Giraud, rue Enclos-Rey.
Nicolas, rue Enclos-Rey.
Nicolas, rue Neuve.
Pilier, Cours-Neuf.
Vauthier, rue Rangueil.
Verd, place Saint-Charles.

Artificiers.
Cabanes (vᵉ), ch. de Montpellier.

Asphalte.
Fabre, représentant des compagnies de Servas, b. Gr.-Cours.

Aubergistes.
Abric, *Auberge de la Vaunage*, place des Arènes.
Aubaressy, place Saint-Antoine.
Bessac, place Saint-Paul.
Brousse, place des Arènes.
Castagnier, c. de Montpellier.
Cheylon, place Balore.
Duc, place des Casernes.
Emin, dit *Barbut*, rue Antonin.
Estrade, place Belle-Croix.
Estrade, place des Casernes.
Fauchet, boulevard Petit-Cours.
Faussat, rue des Fourbisseurs.
Favier (veuve), r. de la Charité.
Fort, boulevard des Carmes.
Gaufrès, place des Arènes.

Laguilhat, chemin d'Avignon.
Meauméjan, rue Dorée.
Meynier, boulevard Petit-Cours.
Pascal-Bousquet, rue des Frères-Mineurs.
Perrier, pont de la Bouquerie.
Pouget, place des Arènes.
Rivière *(morue à la brandade)*, place Saint-Paul.
Robin, rue Fléchier.
Rouvaire, place des Casernes.
Serre, place Saint-Paul.

Bains publics.
Balme-Frezolles, q. Fontaine.
Boucoiran-Pons, rue des Bains.
Briançon, boulevard Petit-Cours.
Dumas (vᵉ), rue des Marchands.
Graverol, chemin de St-Gilles.
Milliet, rue Monjardin.
Michel-Dhombre (Cité Foulc), rue Neuve-des-Arènes et r. St-Maur.
Ribal, rue des Bains.
Giraud-Larnac, rue Antonin.

Balanciers.
Calvet, rue des Chapeliers.
Mathe, rue de l'Horloge.

Bandagistes.
Daussat, boulev. des Calquières.
Galtier, boulevard St-Antoine.
Maymard, rue de l'Etoile.
Pappas, boulevard des Calquières.

Banque de France (sucursale),
place de la Maison-Carrée.
Delacorbière, directeur, G.-Cours.

Banque (Maisons de).
Auzeby et Castan, rue Régale.
Bérard-Sauvajol, r. de la Fontaine.
F. Cavalier et C⁰, r. des Tondeurs.
E. Combié, rue Maison-Carrée.
Gaidan et C⁰, à l'Hôtel-de-Ville.
Martin aîné et Rouquette, r. Régale
Molines, place Maison-Carrée.
Margarot-Pauc, q. de la Fontaine.
D. Mourier, b. du Grand-Cours.
Nègre-Bergeron, q. de la Fontaine.
Noury, Deleuze et C⁰, b. Comédie
E. Noguier, rue St-Baudile.
Vincens-Devillas et C⁰, r. Couronne

Banque générale d'Echange,
Guy et C⁰, av. de l'Embarcadère.

*Bas, Bonnets et Gants soie, bourre
de soie, filoselle, coton et fil
d'Ecosse. (Fabr.)*
Amalric, place Bouquerie.
Benoit et Meyrueis, place Balore.
Bosc frères, q. de la Fontaine.
Bertrand et C⁰, chemin d'Uzès.
Bouniols et Giran, rue Trajan.
Brès, rue de l'Horloge.
Denis, rue de la Fontaine.
Espérandieu, pl. Bouquerie.
Florian Seguin, rue B.-du-Fort.
Floutier, rue Mûrier-d'Espagne.

Galtier, boul. Petit-Cours.
Gamaillier fils, rue du Fort.
Germain fils, place Bouquerie.
Ginet, rue Graverol.
Héritier, rue des Fours-à-Chaux.
Imbert, b. Madeleine, *en peau*.
Jaumeton, r. Ménard, *marmotine*
Jaumeton, Poujol, r. Lampèze, id.
Joyeux et Laune, r. B.-du-Fort.
Martin, rue Grand-Couvent.
Meynard frères, place Balore.
Meynard-Auguier, p. Bouquerie.
Pellorjas-Viala, b. Grand-Cours.
Platon aîné, place Balore.
Polge et Rouverol, p. Bouquerie.
Roussy et Bernard, rue Deiron.
Sagnier-Teulon, rue des Orangers
Valentin, rue de la Ferrage.
Valez et Gas, place Balore.

Bière. (Brass.)
Flad, rue Roussy.
Villaret, quai de la Fontaine.

Bière. (Entrep.)
Barthe, place St-Paul.
Brès, rue Becdelièvre.
Cusson, rue de l'Ecluse.
Jarrier, rue de la Violette.
Mourgue, rue de la Charité.
Trinquier, place Salamandre.
Pichon, rue Ste-Marie.

Bijoutiers-Orfèvres.
André, place du Marché.

Baralis, Place du Marché.
Combemalle, *argenterie Ruolz*, quai de la Fontaine.
Causse, place du Marché.
Duranc, rue Hôtel-de-Ville.
Jalabert-Portefaix, rue de l'Aspic.
Maurin, *arg. Ruolz*, r. H.-de-Ville
Nordhoff-Defferre, b. Madeleine.
Placide, rue Hôtel-de-Ville.
Roche,   id.
Roche aîné, place du Marché.
Viala père, rue Hôtel-de-Ville.
Viala fils, r. Hôtel-de-Ville.

Billards. (Fabr.)

Bernassau fils aîné, r. Ste-Eugénie
Bernassau neveu, r. Ste-Eugénie.
Larnac, place Cathédrale.

Blanc. (Spéc.) Calicots, dentelles et tulles. (March.)

Chevalier, rue de l'Horloge.
Noury, Fabre et Cᵉ, r. Trésorerie.
Senesse-Pichon, art. St-Quentin et Tarare, broderies, rubans et soieries.
Tholozan et Cᵉ, rue Dorée, *gros.*
Tholozan, rue Trésorerie.
Volay, rue Quatre-Jambes.
    (Voir *modes et lingerie.*)

Blanc et Deuil. (Spéc.)

Agniel, rue de l'Aspic.
Brunel Louis, rue de l'Aspic, *noir.*
Gauch, rue Trésorerie.

Blanchisseurs de chap. de paille.

Leclerc, boul. des Calquières.
Maurel, rue Fruiterie.

Blanchiss. de coton.

Lagarde, rue Antonin.

Blanchiss. de gravures.

Soutairant, boul. Comédie.

Bois. (March.)

Bernard, chemin de Montpellier.
Bernassau, rue Neuve.
Bouet frères, place des Arènes.
Chambard, rue Eyssette.
Crouzet, chemin de Sauve.
Fournier jeune, ch. Montpellier.
Hermet, chemin de Montpellier.
Loutier, rue Notre-Dame, *scierie de placage.*
Pichon père, rue Ménard.
Vachet, ancien ch. d'Avignon.

Boîtes de Montres. (Monteur.)

Servant, rue de l'Horloge.

Bonbons. (Fabr.)

Bouet, rue des Broquiers.

Bouchers.

Achard, pl. St-Charles.
Bancel oncle, rue St-Castor.
Bancel neveu, rue St-Castor.
Boissier, Pont-de-l'Agau.
Bourely, rue St-Paul.

Brignolle, r. Poissonnerie.
Broche, rue St-Castor.
Campredon, rue Madeleine.
Cautrais, place Madeleine.
Chevronnet, rue Petits-Souliers.
Clément, place Belle-Croix.
Coudert, place Belle-Croix.
Coudert, Cours-Neuf.
Deleuze, place Cathédrale.
Delon, rue Poissonnerie.
Dumas, rue St-Castor.
Dumas cadet, pl. Belle-Croix.
Fabre, place Belle-Croix.
Faure fils, rue Bons-Enfants.
Gouvernet, rue St-Castor.
Jourdan, rue St-Castor.
Jourdan fils, rue St-Castor.
Labry, près le Cours-Neuf.
Lardarret, rue Madeleine.
Lafont, porte de France.
Lapierre, rue Frères-Mineurs.
Martin, porte du Séminaire.
Mathieu-Jourdan, rue Neuve.
Pallier, place du Chapitre.
Perrier père, rue St-Castor.
Perrier fils, rue St-Castor.
Prieur, rue Richelieu.
Reboul, rue Jeu-de-Mail.
Souchon, chemin d'Avignon.
Souchon-Perrier, pl. Belle-Croix.

Bouchons. (Fabr.)

Cammal, rue Fresque.
Sagnier, rue Curaterie.

Boulangers.

Achard, rue Richelieu.
Achard Eug., rue Carrèterie.
Adert (ve), rue Four-des-Filles.
Aguilhon, chemin de Beaucaire.
Albiges (ve), rue Rangueil.
Alteyrac, rue des Chasseintes.
Arnaud, rue Trésorerie.
Astruc, place Balore.
Atget, chemin de Montpellier.
Audemard, rue Condé.
Auger, rue Curaterie.
Auzol, rue Bachalas.
Bancel, Grand'Rue.
Bancel, rue Grand-Couvent.
Bassaget, rue Curaterie.
Beraud, rue Notre-Dame.
Berbeyer, rue St-Pierre.
Blanc, rue Grand-Couvent.
Blanc, rue St-Laurent.
Boisset, rue de la Charité.
Bonfils, rue du Cyprès.
Bonnaud, rue Carrèterie.
Borelly, rue Ménard.
Boudon, place Balore.
Boudon, rue Bachalas.
Bourguet, rue Porte-d'Alais.
Briançon, place Belle-Croix.
Bruguière, rue de l'Etoile.
Brun, Cours-Neuf.
Castan, rue Richelieu.
Causse, rue Basse du Fort.
Caze, rue St-Castor.
Chamboredon, rue St-Luc.

Chordonnaux, rue Madeleine.
Clerguemont, rue Pont-Sigalon.
Colet, rue St-Paul.
Colle, rue Porte-de-France.
Coulomb, rue Condé.
Crégut, chemin de Beaucaire.
Crémieux, rue Pont-Sigalon.
Délon, rue Carrèterie.
Dumas, rue Curaterie.
Dupuis, rue de la Vierge.
Dupuy, rue Mûrier-d'Espagne.
Durand, ch. de Montpellier.
Espérandieu, rue Fruiterie.
Fage, rue d'Aquitaine.
Fajon, rue des Prêcheurs.
Fesquet, rue Carrèterie.
Floutier, rue Madeleine.
Fontanieu, rue Bachalas.
Foucard, rue Grand-Couvent.
Fournier Cypr., ch. d'Uzès.
Fournier Marc., ch. d'Avignon.
Fromantal, rue Grand-Couvent.
Gervais, rue de l'Etoile.
Giraud, rue Pont-Sigalon.
Glaize, rue Porte-de-France.
Goudet, rue Roussy.
Granier, rue Porte-de-France.
Grasset, rue des Frères-Mineurs.
Guerin, rue des Quatre-Jambes.
Hugon, rue St-Paul.
Hugon, place Salamandre.
Hugon (veuve), r. Notre-Dame.
Izard, rue Pont-Sigalon.
Japavaire, chemin de Générac.

Japavaire, rue Hôtel-Dieu.
Jonquet, chemin de Montpellier.
Labalme, rue Richelieu.
Lablaguière, rue Hôtel-Dieu.
Lafont, rue Condé.
Laurent, porte de France.
Léris, Cours-Neuf.
Manoel, Cours-Neuf.
Martin, rue Gauthier.
Massadau, rue Neuve.
Massadau, rue des Prêcheurs.
Mazel, rue St-Baudile.
Mazel, place de la Colonne.
Meynadier, chemin d'Avignon.
Milhaud, rue Roussy.
Montsageon, rue Gr.-Couvent.
Numa, rue de l'Etoile.
Nuty, rue Richelieu.
Paul, rue des Petits-Souliers.
Perret, rue Pont-Sigalon.
Pourché, rue St-Philippe.
Raymond, rue Richelieu.
Raymond (veuve), rue Rangueil.
Raymond, pl. de la Couronne.
Raynal, rue Enclos-Rey.
Raoux, rue des Barquettes.
Reboul, rue des Bons-Enfants.
Ribières, rue Curaterie.
Rieux, rue Pont-Sigalon.
Rocoplan, rue du Rempart.
Romezon, Cours-Neuf.
Roque, rue Pont-Sigalon.
Roure, chemin de Générac.
Roussel, rue St-Pierre.

Roussel, rue Grand Couvent.
Rouvière frères, rue Curaterie.
Rouvière, rue des Fourbisseurs.
Roux, rue Fresque.
Rozier, rue des Frères-Mineurs.
Saissinel, boul. Madeleine.
Sala, place Balore.
Salles, place Balore.
Salvat, rue Pont-Sigalon.
Sarrus, chemin de Montpellier.
Serey, rue Robert.
Seyne, chemin d'Uzès.
Souchon, rue Pont-Sigalon.
Soulier, rue St-Baudile.
Théron, place Salamandre.
Thoureillie, rue Becdelièvre.
Valette, rue Carrèterie.
Vidal, rue du Chapitre.

Bordures et Franges.

Bertrand je et Girard, Gr.-Cours.
Huguet et Ce, rue Deiron.

Bouquinistes.

Aurillon, boul. Madeleine.
Audibert, rue Maubet.

Bourrelets. (Fabr.)

Justamond-Martin, rue Régale.
Légier, brassières et ceintures pour enfants, pl. du Marché.

Bourreliers. (March.)

F. Cler et Ce, place des Arènes.
Floutier, place des Arènes.
Gaidan-Giran, b. de l'Esplanade.
Sagnier, r. Neuve-des-Arènes.

Bourreliers. (Artisans.)

Cler A., chemin de Montpellier.
Lagros, chemin de Montpellier.
Raphael, rue Notre-Dame.
Quet-Gilles, ch. de Montpellier.
Rieux, chemin de Beaucaire.
Roche, chemin d'Avignon.
Serres, boulevard de l'Hôpital.
Soulier, place des Carmes.

Bourrettes. (Fabr.)

Berjaud-Lavie, r. des Chasseintes.
Lacombe, rue Mûrier-d'Espagne.
Lautier, rue de la Ferrage.

Bretelles. (Fabr.)

Bertrand et Ce, chemin d'Uzès.
Guiraudin-Colançon, gal. serges, maillots, ceint., bre de soie à tricoter, etc., rue Baduel.

Briques et Tuiles. (Fabr.)

Bastide, chemin de Beaucaire.
Favier, chemin d'Uzès.
Fayolle et Robert, ch. d'Uzès.
Niquet (entrepôt), pl. St-Charles.

Broquiers et Sabotiers.

Avignon, rue d'Imbert.
Bérard, rue St-Antoine.
Capillaire-Gras, rue St-Antoine.
Dumas, rue Arc-Dugras.
Roger, place du Marché.
Salager, rue Pont-Sigalon.

Cabinet d'Affaires.

Bernard J., anc. notaire, consult. grat., rue des Lombards, 15.

Cafetiers, Limonadiers et Débit. de Liqueurs.

Achille Claverie, *café Torloni*, boul. Petit-Cours.
Armand, pavillon de la Fontaine.
Augier, boul. des Casernes.
Aurant, boulev. des Calquières.
Bancel, boul. des Casernes.
Baumès, boul. des Casernes.
Benoît, *café Ambroise*, avenue de l'Embarcadère.
Bernard, b. des Casernes.
Bert, *café Nemausus*, b. St-Antoine
Bésanval, rue de l'Horloge.
Bissière, place de la Couronne.
Brun, *café du Caveau*, Pet.-Cours
Caucanas, *café du Nord*, boulev. de la Comédie.
Chabanier, *café de l'Hôt.-de-Ville*.
David, chem. d'Avignon.
Delon, boulevard Petit-Cours.
Delord, boulev. des Calquières.
Duclap, avenue de l'Embarcadère.
Dupuy, boulev. du Petit-Cours.
Fouque, b. de la Madeleine.
Fromant, boul. des Casernes.
Gaspard,   id.
Genin, boulevard des Casernes.
Gibelin, rue du Fort.
Jouanen, boul. du Petit-Cours.

Jullian, rue Ecole-Vieille.
Lalande, *café de la Bourse*, place des Arènes.
Lallemand, *café Peloux*, Esplanade
— *café de l'Esplanade*,
— *buvette Peloux*, p. Couronne
Lapierre, boul. St-Antoine.
Lebois, à la Placette.
Manivet, boul. de l'Esplanade.
Martin, à la Fontaine.
Massadau, boul. des Casernes.
Maurant, b. Grand-Cours.
Maurin, place des Carmes.
Mondon, *café du Q.-de-la-Fontaine*
Monier, *café de la Poste*, Gr. Cours
N.   au Mont-Cavalier.
Paloc, boul. Madeleine.
Périllier jeune, *café des Fleurs*, avenue de l'Embarcadère.
Picq, *café du Midi*, pl. des Arènes.
Pons, place Montcalm.
Raquidel, *café de Paris*, boulev. de la Madeleine.
Second, *café du Phénix*, p. Couronne
Singla, rue du Cadereau.
Simoncelli, rue St-Mathieu.
Souchon, rue du Refuge.
Véhément, *café de la Comédie*.

Cages, Cribles, Tamis. (*Fabr.*)

Genella, chemin de Montpellier.
Lacroix, rue de l'Etoile.
Livernais, rue St-Mathieu.
Malanet, rue Grand-Couvent.

Mage jeune, caisses de tambours, grillages, rue Thoumayne.
Tessa, boul. des Calquières.

Cardes. (Fabr.)
Michel, rue des Orangers.
Dessuet, rue Mûrier-d'Espagne.
Lassuet, rue Bât-d'Argent.
Thoulouse, rue des Babouins.

Carrossiers.
Coët, boul. de la Madeleine.
Grégoire, rue Notre-Dame.
Guibal, boul. de l'Esplanade.
(Voir *Selliers*.)

Cartes à jouer.
Capeau-Portal, place du Marché.
Conte, place Bouquerie.
David aîné, r. des Fourbisseurs.
David jeune, id.
Placide, id., *fabr. de cartons*.

Cartonniers.
Aubanel, rue du Rempart.
Conte, place Bouquerie.
Montet-Evesque, boul. Comédie.
Fabry, spécial. pour pharmaciens et bijoutiers, rue Thoumayne.
Placide, fabricant, rue Roussy.
Puech, place Petit-Temple.

Casquettes. (Fabr.)
Bedarrides, place Madeleine.
Ducros, place Madeleine.
Galibert, place des Carmes.

Greffeuille, rue du Refuge.
Joseph S., rue Richelieu.

Chaises et Fauteuils. (Fabr.)
Basset, rue Neuve.
Brunet, rue Grand-Couvent.
David, boul. St-Antoine.
Genevier Cr, ch. d'Avignon.
Giran, rue Enclos-Ste-Marie.
Granier, rue Neuve-de-l'Agau.
Lavastre, rue de l'Horloge.
Petitbon, rue des Lombards.
Quinet, fauteuils, rue Mûrier-d'Espagne, 36, au 1er.
Raysse, boul. des Casernes.

Châles. (Fabr.)
Audemard, rue Auguste.
Avinen, rue Trajan.
Bertrand je et Girard fils, boul. Grand-Cours.
Blisson jeune, place Bouquerie.
Bonijoly, quai de la Fontaine.
Bouet, rue Auguste.
N. Brunel et Ce, pl. Bouquerie.
Constant et fils, rue Deiron.
Daumézon, impasse Rulman.
Fabre Paul, rue Graverol.
Gas, Veyrun et Ce, rue Deiron.
Gevaudan et fils, Grand-Cours.
Hugou, rue Basse-du-Fort.
Huguet et Ce, rue Deiron.
Malhian aîné, rue du Fort.
Masquard, place Bouquerie.

Muret, rue Auguste.
Penchinat et Deseuze, p. Bouq.
Pourcherol et Cᵉ, rue Auguste.
Prade-Foulc, rue Molière.
Raizon fils, Grand-Cours.
Ribes, Roux et Durand, r. Font.
Ribot Ulysse, rue Auguste.
Ribot-Missot et Fajon, p. Bouq.
Roman aîné,   id.
Roman et Cᵉ,   id.
Roman-Vidal, Grand-Cours.
Saurel fils aîné, rue Auguste.
Saurel fils jeune, rue Auguste.
Sévénier, Grand Cours.

Chandelles. (Fabr.)
Goudert, Cours-Neuf.
Benoît-Favant, rue du Cyprès.
Gallet, rue Carrèterie.
Nisse, Cours-Neuf.
Trial, boul. des Calquières.

Chapeliers. (Fabr.)
Bassager et Cie, r. Chasseintes.
Béridot, rue Neuve.
Brousson aîné, rue Neuve.
Fabre, rue Carrèterie.
Martin, rue de l'Horloge.
Maurel, imp. rue Fresque, *fourn.*

Chapeliers. (March.)
Amphoux, rue du Rempart.
Aurès aîné, rue de l'Aspic.
Aurès jeune, r. de la Madeleine.
Bertrand, rue de l'Hôtel-de-Ville.

Boucarut, fournit. pour chapel.,
    place de la Cathédrale.
Brousse, rue Fruiterie.
Castelan, rue Curaterie.
    — rue St-Antoine.
Dide, Grand'Rue.
Duclap, rue Curaterie.
Ferrière, rue des Petits-Souliers.
Janin, rue des Broquiers.
Feuillet, boul. des Calquières.
Chautard, boul. Petit-Cours.
Fize, rue des Fourbisseurs.
Périllier aîné, pl. Hôtel-de-Ville.
Boyer, rue de la Colonne.
Séguin, rue de l'Aspic.
Tayolle, rue de l'Aspic.

Capelines et chapeaux pour dames, à la mécanique.
Gaussen et Cᵉ, fabr., rue Grétry.

Charcutiers, fab. de Saucissons.
Arnaud-Poujol, place Cathédrale.
Delon, rue Poissonnerie.
Dufès, place Belle-Croix.
Fine, rue de l'Horloge.
Gouvernet, rue St-Castor.
Jeanjean, rue Pont-Sigalon.
Jourdan, rue St-Castor.
Lauze fils, rue Madeleine.
Lavie, rue St-Félix.
Loubier (vᵉ), rue Poissonnerie.
Marmet Aug., rue St-Castor.
Mathieu-Jourdan, rue Neuve.

Merle-Gourdoux, r. St-Castor.
Missot fils, rue de l'Horlôge.
Mourgue, rue de la Madeleine.
Petry, rue des Prêcheurs.
Ponton, boul. Grand-Cours.
Poujol, rue St-Antoine.
Sabatier, place Cathédrale.
Simon, rue des Tanneurs.
Souchon-Perrier, succ. de Coste, rue Curaterie.
Vanel (ve), rue Curaterie.
Virgile-Fabre, place Belle-Croix.

Charpentiers.

Carbonnel, rue Lampèze.
Dorée, boul. du Viaduc.
Schott, chemin de St-Gilles.
Valette, chemin d'Uzès.

Charrons.

Daudet, chemin d'Avignon.
Cabanis, place Montcalm.
Canitrot, chemin d'Avignon.
Cordelet, ch. de Montpellier.
Fabre, rue Roussy.
Hacquard, ch. de Montpellier.
Itier, ch. de Montpellier.
Maedler, rue St-Léonce.
Martin, rue Séguier.
Paroue, chemin d'Avignon.
Rafin, rue Notre-Dame.
Rajon, chemin d'Avignon.
Salles, rue Luzerne.
Vallat, ch. de Montpellier.
Vallat-Granat je, r. des Tanneurs.

Chaudronniers.

Antonin neveu, appareils distillatoires, rue Neuve.
Fabre, rue Neuve-de-l'Agau.
Fabre, chemin d'Avignon.
Isaïe, rue Neuve.
Lambert, rue Neuve-de-l'Agau.
Planque, Grand-Cours.

Chaufourniers.

Arnaud, chemin de Beaucaire.
Bauzon, chemin de Montpellier.
Chavanier, ch. de Montpellier.
Crémier, chemin d'Avignon.
Janot, chemin de Montpellier.
Japavaire père, ch. de St-Gilles.
Japavaire-Crémier, p. de France.
Mauzet, chemin de Montpellier.
Valentia, chemin de Beaucaire.

Chemises. (Spécialité.)

Crémieux cousins, exportation, rue Fresque, gros.
Fanguin-Bastide, confection sur mesure, rue St-Antoine.
Mlle Fanjaud, rue des Lombards.

Chevaux. (March.)

Josselme, chemin de Montpellier.

Chiffonniers.

Aumeras, façade de l'Hôtel-Dieu.
Bergeau, ch. de Montpellier.
Gondret, rue Fléchier.
Lavabre, place Montcalm.

Chineurs.
Ducros, place Balore.
Riquet frères, r. des Bénédictins.

Chocolatiers. (Fabr.)
Coste, rue Fresque.
Bésanval, rue de l'Horloge.
Boyer, pharmacien.
Brun, rue St-Baudile.
Buxade, chemin d'Avignon.
Igounet, r. du Mûrier-d'Espagne.
Jacou, rue Fresque.
Brice-Pont, rue Fresque.
Posthus, chemin d'Avignon.
Valette, rue de l'Horloge.
Zoog, rue des Lombards.

Cierges et bougies. (Fabr.)
Picard, rue Séguier.

Cloutiers.
Hachspil, chem. Montpellier.
Paut,   id.
Servoz,   id.
Wintz, chemin de St-Gilles.

Coiffeurs.
Aigon, place de la Couronne.
Allard, place de la Couronne.
Arnaud, boul. St-Antoine.
Aude, chemin d'Avignon.
Aude, rue des Fourbisseurs.
Bellivier, place de la Couronne.
Béranger, place St-Antoine.
Blanc, place des Carmes.

Blondeau, boul. St-Antoine, *art.*
nouveauté pour hommes.
Baudouin, r. de la Colonne.
Brouzet, pl. Grand-Temple.
Cancel, chemin d'Avignon.
Charles, rue Basse-du-Fort.
Combe, boul. Petit-Cours.
Coste, place Madeleine.
Cournet, rue Rangueil.
Dalgue, *coif. du théâtre,* b. Comédie.
Delorme, place de la Couronne.
Ducros, boul. des Calquières.
Durand, boul. des Calquières.
Fustier, pl. de la Maison-Carrée.
Girre, place des Carmes.
Jourdain, r. Neuve des Arènes.
Léon, boul. Grand-Cours.
Liautard, rue Rangueil.
Ménard, rue Mûrier-d'Espagne.
Momier, pl. du Marché.
Nolhac, rue Porte-d'Alais.
Pellaquier, rue Trajan.
Platon, rue Notre-Dame.
Raoul, rue de la Charité.
Regniaud, boul. St-Antoine.
Rongeiron, boul. Petit-Cours.
Roy, place de la Couronne.
Silhol, rue de la Fontaine.
Teissier, pl. M.-Carrée, *bureau*
de plac. des garçons coiffeurs.
Verissel, boul. Petit-Cours.
Veyre, boul. de la Madeleine.
Victor, rue Notre-Dame.
Vincent, rue des Prêcheurs.

Combustibles. (March.)

Arnal, place Maison-Carrée.
Bertaud, rue des Tanneurs.
Chabran (veuve), Petit-Cours.
Charay, ch. de Montpellier.
Charlois, r. Neuve-de-l'Agau.
Grange, r. des Tondeurs ; *entrep.*
  rue Pavée.
Massadau, r. Mûrier-d'Espagne.
Mouret, rue des Greffes.
Ponge, rue St-Jean.
Roussillon, Grand-Cours.
Tinel (veuve), rue Thoumayne.
Vendeur, boul. St-Antoine.

Commissionnaires en Articles
de la fabrique de Nimes.

Audibert L., rue Auguste.
Chabert, boul. Grand-Cours.
Defague et Ce, q. de la Fontaine.
Dombre, Cheysson et Nos, place
  Bouquerie.
Duplan et fils, rue de l'Ecluse.
Fabre frères, rue Auguste.
Franc et Benoit, pl. Chât. Fadaïse
Gamaillier, rue du Fort.
Gay-Lamouroux et Ce, r. du Fort.
Gilly jeune et Ce, r. M.-d'Espagne
Heimpel-Boissier, quai Fontaine.
Hugou et Ce, Grand-Cours.
Jacob, place St-Charles.
Larnac, rue Basse-du-Fort.
Lombard et fils, Grand-Cours.
Maumenet,   id.

Mirabeau et Peyre, Grand'Rue
Ponge-Fabre, rue Auguste.
Puget Mn, Grand-Cours.
Reynaud, rue de la Ferrage.
Sabran et Ce, Grand-Cours.
Sarrus, rue Basse-du-Fort.
Serres, Durand et Ce, p. St-Charles
Théront, Aurès et Béridot aîné,
  place Bouquerie.

Commissionnaires en marchandi-
ses, négociants, représentants
de commerce et agents d'affaires.

Alric, rue Hôtel-de-Ville.
Bassaget, chemin de Montpellier.
Bedot, rue de la Bazique.
Bertrand, rue Fresque.
Bèze, rue Thoumayne.
Bonnet, porte St-Antoine.
Brouzet, ch. de la Tour-l'Evêque.
Cadel, rue Lampèze.
Chabert, chemin d'Avignon.
Chapon, rue Grétry.
Compan, rue Pont-Sigalon.
Coulet, rue Neuve.
Delon, rue de la Bazique.
Espérandieu, r. des Marchands.
Faugier, rue des Marchands.
Gaussorgues, rue Carrèterie.
Gazay, ch. de Montpellier.
Griolet aîné, rue Maubet.
Hébrard, rue des Flottes.
Jauffret, rue de l'Aspic.
Laune, près l'Esplanade.

Louet, rue Enclos-Rey.
Léris, chemin d'Avignon.
Marcelin, porte de France.
Martin, rue Ste-Ursule.
Planchon, rue de la Monnaie.
Poeydebasque-Brouzet, boulevard
des Calquières.
Portal, chemin d'Avignon.
Portefais, Grand-Cours.
Robert, à St-Cézaire, près Nimes.

*Cicerone conduisant l'étranger sur
la place de Nimes.*
Pont, rue Enclos Ste-Marie.

Compagnies d'Assurances.

CONTRE L'INCENDIE (1).

La Générale, Lauront et Joyeux,
quai de la Fontaine.
La Nationale, Jean, rue Dorée.
Le Phénix, Michel, b. Comédie.
L'Union, Dufès, rue Caguensol.
Le Soleil, Ernest Marcon, rue des
Lombards.
La France, Espérandieu, rue des
Marchands, 7.
L'Urbaine, Rolland, rue Dorée.
La Providence, Mourier et Dayre,
rue Roussy.
Le Palladium, Maillan aîné,
rue du Fort.

(1) Les titres d'assurances précédés
de ce signe * assurent aussi sur la vie.

La Paternelle, Deleveau, r. Mûrier-d'Espagne.
La Mutuelle, de Valence.

SUR LA VIE.

L'Economie, Ernest Marcon, rue
des Lombards.
La Concorde, rue du Four-des-
Filles.
The Defender, à primes fixes,
Empereur, rue Four-des-Filles

CONTRE LES CHANCES DU TIRAGE AU SORT.

La Mutuelle, Ernest Marcon, rue
des Lombards.
L'Union des pères de famille, Pe-
lissier, boul. Petit-Cours.
Caisse milit. des enf., à primes
fixes, Nivard aîné, q. Fontaine
Gaspard-Jouve et Cᵉ, r. Veissette.
Jumas, rue de l'Ecluse.
Lisbonne-Carcassonne, r. Lomb.
Poeydebasque-Brouzet, b. Calq.
Roux, hôtel du Louvre.

CONTRE LES FAILLITES.

La Sécurité commerciale, Pioly,
avenue de l'Embarcadère.
Compagnie générale, E. Marcon,
rue des Lombards.

CONTRE LA MORTALITÉ DES BESTIAUX.

Compagnie générale, Bertrand,
rue du Four-des-Filles.

Comptoir national d'escompte, Gaidan, directeur, Hôt. de Ville.

Comptoir d'échange et de commiss. Gr. Escoffier et C°, de Marseille, géré par E. Marcon, r. Lombards

Confiseurs-Pâtissiers.

André, r. de la Couronne.
Barthélemy, r. Hôtel-de-Ville.
Bèze, rue Trésorerie.
Bonnet, rue Madeleine.
Bourguet, rue Curaterie.
Brun-Sounay, rue St-Antoine.
Couteron-André, rue Régale.
Desdier-Balthazard, Grand'Rue.
Fabre, boul. Petit-Cours.
Lluch, rue des Marchands, *spéc. pour les vins fins d'Espagne*.
Raoux, rue des Prêcheurs.
Raoux, place des Casernes.
Ressiguier, place Maison-Carrée.
Reynaud, rue des Barquettes.
Rostaing, rue de l'Aspic.
Rostaing fils, pl. Maison-Carrée.
Rouvière, rue des Prêcheurs.
Sarrus, rue de la Monnaie.
Servière, boul. de la Comédie.
Zoog, rue des Bains.

Cordiers.

Baumel, v. ch. de Montpellier.
Gall, Alexis, rue Curaterie.
Laudet, ch. de Montpellier.
Rouzeau, pl. des Casernes.

Cordonniers en tous genres et marchands de Chaussures.

Albert, rue des Greffes.
Béchard, pl. St-Paul.
Bellon, r. Neuve-de-l'Agau.
Brad, rue Pont-Sigalon.
Brun, rue des Prêcheurs.
Chalmeton, pl. de la Salamandre.
Debernardy, r. Neuve-de-l'Agau.
Derlis, rue Grand-Couvent.
Deschanel, rue Petits-Souliers.
Donzel, rue des Barquettes.
Durand, rue Fresque.
Fabre, rue Condé.
Finet, rue des Lombards.
Fleury, pl. de l'Hôtel-de-Ville.
Gaillard, chaussures à la *gutta-percha*, boul. St-Antoine.
Garigue, rue des Barquettes.
Giraud, chauss.-méc., Trésorerie.
Graille, chemin d'Avignon.
Louis, rue Marguerittes.
Marc, rue Notre-Dame.
Martinot, pl. Hôtel-de-Ville.
Merle aîné, rue des Lombards.
Merle cadet, rue Fruiterie.
Monge, success. de Crouzier, rue de l'Aspic.
Mouret, rue des Petits-Souliers.
Peytier, chauss. à la *gutta-percha*, rue de l'Aspic.
Pons aîné, pl. des Arènes.
Pons jeune, r. de la Madeleine.
Prade, rue Trésorerie.

Prat père, rue Pont-Sigalon.
Prat fils, rue Pont-Sigalon.
Rieutor, rue des Orangers.
Romain, impasse du Fort.
Salles, rue Pont-Sigalon.
Verdier, rue Trésorerie.

Corsets. (Fabr.)

Mesdames
Jourdan Mᵗᵉ, succ. de Mˡˡᵉ Claire, jupes crinol., tournures et fourn. pour corsets, rue de l'Aspic.
Laubarède, corsets orthopédiq., ceintures en tous genres et fourn. pour corsets, place St-Paul.
Noël, rue de l'Aspic.

Couleurs fines.

Roussy, rue de l'Horloge.
Souteirant, boul. de la Comédie.
Espérandieu-Gilly, pl. St-Paul.

Courtiers impériaux.

Acquier, pl. du Théâtre.
Ardouin, rue des Babouins.
Benoît, Château-Fadaise.
Bourdy aîné, r. N.-des-Arènes.
Conte, r. Enclos-Ste-Marie.
Dumas, pl. du Château.
Durand, Enclos-Ste-Marie.
Escande, rue Neuve.
Gavanon, quai de la Fontaine.
Jeanjean, b. St-Antoine.

Couteliers.

Bouet père, rue Carrèterie.

Didier, pl. de l'Hôtel-de-Ville.
Galtier, orthopédiste, boul. St-Antoine.
Pellet, rue de la Colonne.
Platon, rue Curaterie.
Rouvière, rue de l'Horloge.
Soulier, place du Marché.
Soulier, rue des Barquettes.

Crépins. (March.)

Eˡᵉ et Eⁿᶜ Fabre, r. Fruiterie (gros)
Aubac, formier, place Calade.
Balmet, rue Pont-Sigalon.
Barrielle, formier, r. Ec.-Vieille.

Cuirs (March.)

Abric, rue Maubet.
Bousquet, rue des Arènes.
Gaillard, rue Fresque.
Granier, rue Fresque.
Janot, rue des Orangers.
Joujoux, rue Ecole-Vieille.
Laviale, boul. des Calquières.
Mermet, rue de l'Aspic.
Morisseau et Pradel, petite rue du Collége.
Pichon, rue des Lombards.
Vermeil aîné, rue des Orangers.
Vermeil Scipion, rue de l'Aspic.

Daguerréotype (Portraits au).

Corinne (Mᵐᵉ), enc. de la Fontaine
Crespon,   id.

Danse. (Profess.)

Maillard, rue des Frères-Mineurs

Dégraisseurs. (V. *teint.-dégr.*)

Dentistes.

Aubac, avenue de l'Embarcadère.
Bournichon, hôtel du Midi.
Chabana, b. Petit-Cours.
Petey, boul. St-Antoine.
Peyre, rue Caguensol.
Prophette, rue des Greffes.
Saussine, Grand'Rue.

Dépôts et Consignations.

Aubert, directeur, rue Roussy.

Dessinateurs pour broderies.

Bosc, place Cathédrale.
Nouis Jean, rue des Lombards.

Dessinateurs pour châles.

Chapon, rue Basse-du-Fort.
Graverol, ch. de St-Gilles.
Maurin, rue Roussy.
Roudil, rue des Lombards.
Simon, rue Grand-Couvent.

Distillateurs-Liquoristes.

Agenor Santet, ch. d'Avignon.
Bergeret-Seguin, rue de l'Aspic.
Chapus, rue N.-de-l'Agau.
Clavuol, rue Ste-Marie.
Corse, Johannot et Cᵉ, r. Richelieu
Fouque, boul. de la Madeleine.
Gallet, chemin de Montpellier.
Jullian Adrien, r. Ecole-Vieille.
Reboul, Petit-Cours.

Domestiques. (*Bureau de plac.*)

Béranger, perr., pl. St-Antoine.

Doreurs.

Bancel, rue du Refuge, *sur bois*.
Bancel, r. de l'Horl., *bois, métaux*
(Voir *miroitiers*.)

Drapiers. (GROS.)

Boissier frères, rue Régale.
Jalaguier, rue Quatre-Jambes.
Margarot père et fils, rue des Chapeliers.
Picheral et Peyront, rue Régale.
Picheral fils et Sapey, r. Violette.

Drapiers. (DÉTAIL.)

Baze, pl. de la Cathédrale.
Berger, rue des Marchands.
Brunel-Rouverol, rue de l'Aspic.
Coulomb-Lacaze, r. Trésorerie.
Jullian, rue de l'Etoile.
Margarot-Jullian, rue du Four-des-Filles.
Mestre, rue des Marchands.
Milhaud-Mossé, pl. Belle-Croix.
Nègre-Vincent, r. des Marchands.
Peyri, place Salamandre.
Peytavin, rue des Marchands.
Picard, rue de l'Aspic.
Reynaud, rue des Marchands.
Villaret-Ausset, place de l'Aspic.

Droguistes.

Amphoux, pl. du Marché.
Ausset et Cᵉ, rue de la Férage.

Bonnaud, rue Fruiterie.
David fils, rue Fruiterie.
Julien et Roux, pl. aux Herbes.
Martin-Vache, pl. Cathédrale.
Saussine cadet et Cᵉ, rue Trajan.

Ebénistes et march. de Meubles.

Baumelle, rue du Rempart.
Bonnet, rue Enclos-Rey.
Calvo, place Balore.
Chaillot, rue Neuve-de-l'Agau.
Fize, rue des Prêcheurs.
Fontayne, réparateur de meubles anciens et modernes, r. Pavée.
Granier, rue Neuve-de-l'Agau.
Jacoton-Ginoux, b. St-Antoine.
Maillan, rue des Prêcheurs.
Marot, rue Neuve-de-l'Agau.
Minguier, rue de l'Horloge.
Nerdeux, rue Caguensol.
Pascal, rue des Quatre-Jambes.
Pascal, boulevard St-Antoine.
Petibon, rue des Lombards.
Peytou, boul. des Calquières.
Pichon frères, rue des Greffes.
Pommier, rue Neuve.
Privat, rue Madeleine.
Puppikoffer, rue des Greffes.
Raysse, boulevard Petit-Cours.
Robin, rue Château-Fadaise.
Sabonadier, rue des Lombards.
Sarrazin, rue des Lombards.
Soldan, quai de la Fontaine.
Thomas frères, rue Notre-Dame.

Treuchel et Cᵉ, rue Régale.
Vendrevin, v. ch. de Montpellier.

Emballeurs.

Béchard-Brunel et Jallois, rue du Grand-Couvent.

Epiciers. (GROS.)
(Salaisons, denrées coloniales et autres.)

Ausset, boul. St-Antoine.
Béchard, rue St-Antoine.
Bonnaure, rue Curaterie.
Briant, Cité-Foulc.
Cabanis-Penot, rue St-Antoine.
Driol-Billeret, boul. des Arènes.
Gailhard, place du Marché.
Genoulhac, rue Curaterie.
Mathieu-Reboul, rue St-Antoine.
Maurin et Gabiac, b. St-Antoine.
Pallière, boul. St-Antoine.
Peyron et Cᵉ, pl. St-Paul.
Pongy frères, rue Curaterie.
Santet, place Belle-Croix.

Epiciers. (DÉTAIL.)

Acher, place Belle-Croix.
André aîné, rue Prévôté.
Astruc, rue St-Mathieu.
Aurillon, chemin d'Uzès.
Ayral Scipion, r. des Barquettes.
Baille, chemin de Montpellier.
Barry, rue St-Mathieu.
Bert, rue Grand-Couvent.
Bertrand, rue Puits-de-l'Olivier.
Blanc, place Belle-Croix.

Boissier, rue des Lombards.
Bouet, rue St-Castor.
Bonijoly, ch. de Montpellier.
Bouchet, ch. d'Avignon.
Bougueirelle, rue St-Mathieu.
Caucanas, rue Carrèterie.
Coste, rue Turenne.
Coutelier, rue de la Colonne.
Darboux, rue du Grand-Couvent.
Devèze, rue du Chapitre.
Dumas-Grivoulet (veuve), rue de la Madeleine.
Espanet, rue Curaterie.
Estoudre, rue des Arènes.
Fabre, rue Fruiterie.
Fache, rue Rangueil.
Fache, rue d'Imbert.
Fadat (veuve), rue Fresque.
Favier-Basque, pl. des Casernes.
Favier, rue des Fourbisseurs.
Flavier, Cours-Neuf.
Gaspard, rue du Grand-Couvent.
Gilly, rue de la Fontaine.
Guiraud (veuve), rue Fresque.
Guiraudon, Pont-de-l'Agau.
Hilaire, rue Curaterie.
Igounet, rue Fruiterie.
Jalabert, anc. ch. d'Avignon.
Jallois, rue Fruiterie.
Jozan, rue Richelieu.
Jozan, place des Casernes.
Jullian, av. de l'Embarcadère.
Lagarde, ch. de Montpellier.
Laurent, rue de l'Enfance.

Lissignol, r. Puits-de-l'Olivier.
Martin (veuve), rue St-Luc.
Maurin, rue de la Madeleine.
Merlot, rue Pavée.
Meynet, chemin d'Uzès.
Mèze, rue Pont-Sigalon.
Montredon, rue de l'Horloge.
Montet, rue de la Madeleine.
Peladan, rue des Orangers.
Penot, rue Neuve-de-l'Agau.
Peyre, rue Pont-Sigalon.
Pignède, rue Arc-Dugras.
Platon, rue des Lombards.
Porte, rue de la Madeleine.
Raymond, rue de l'Aspic.
Renoux, rue de la Pitié.
Rogier aîné, pl. Grand-Temple.
Rogier, place Belle-Croix.
Rolland, rue Neuve.
Rouvière (veuve), rue Neuve.
Rouvin, rue St-Mathieu.
Roux-Despey, b. des Calquières.
Rozier, rue des Prêcheurs.
Sauret, rue Richelieu.
Seray, rue Enclos-Rey.
Silhol, rue de la Fontaine.
Tsuret, place Cathédrale.
Tresse, rue Ecole-Vieille.
Valès, rue Becdelièvre.
Valette, rue de l'Horloge.
Vendrevin, v. ch. de Montpellier.
Vigouroux, rue St-Castor.
Villaret, rue des Quatre-Jambes.
Vivant, rue St-Baudile.

Estampes et Grav. (March.)
David aîné, rue des Fourbisseurs.
David jeune,   id.
Garve, b. Comédie.
Lacy-Guillon, p. Maison-Carrée.
Laporte, *objets d'art*, b. St-Ant.
Pasta, rue des Lombards.
Soutairant, encadr. en tous genr.,
    restaur. de tabl., b. Comédie.
Waton, b. St-Antoine.

Faïence. (March.)
Brousse, rue Curaterie.
Lavastre, rue de la Colonne.
Layale, rue Curaterie.
Maurel, rue Fruiterie.
Pons, rue du Chapitre.
Prou, rue de la Monnaie.
Reymond, b. des Calquières.

Ferblant.-Pompiers, Plombiers,
et Poëliers.
Almus, chauffages en tous genres,
   Petit-Cours.
Boyer, rue Fresque.
Delorme, à la Placette.
Gardet, chauffages en tous genres,
   Petit-Cours.
Genevier, chemin d'Avignon.
Gourdon, Grand'Rue.
Journet, boul. de l'Hôpital.
Marioge, rue Carrèterie.
Perret, boul. Petit-Cours.
Sauzade, rue Enclos-Rey.
      (Voir *lampistes*.)

Fenassiers.
Brousse, place des Arènes.
Brunel, rue Notre-Dame.
Castanier (v°), ch. de Montpell.
Chabaud (v°), b. Petit-Cours.
Douzil, boul. St-Antoine.
Fabre (v°),   id.
François, rue Neuve.
Gilles-Quet, ch. de Montpellier.
Jalaguier (v°), montée du Fort.
Mourgue, b. des Casernes.
Pouget, place des Arènes.
Serres, place Madeleine.

Fer. (March.)
Cambacérès, boul. Calquières.
Ginoux, rue Carrèterie.
Jalaguier, rue du Cyprès.
Quet, rue Château-Fadaise.

Filateurs de cocons.
Bonijoly, rue St-Jean.
Gaston-Affourtit, place d'Assas.
Japavaire, ch. de St-Gilles.
Margarot, rue de la Pitié.
Vincent, ch. de St-Gilles

Filat. de déchet de soie.
Troupel Oct., r. des Prêcheurs.

Fondeurs en cuivre.
Achard, rue Fresque.
Damien (v°), pl. M.-aux-Bœufs.
Flacheron dit Lyonnais, rue des
   Tanneurs.
Seurot, rue Petits-Souliers.

Fondeurs en étain.
Coste, rue Fruiterie.
Dumas, rue des Barquettes.

Fondeurs en fer.
Maignon-Dollet et Ce, chemin de
 Montpellier.
Verdus, Pierredon, Jouve et Ce,
 chemin d'Avignon.

Foulards et cravates. (Fabr.)
Chabaud, rue Deiron.
Chardon et Daudet aîné, Gr-Cours
Daudet-Quéréty, rue Luzerne.
Fabre-Paul, rue Graverol.
Puget, Grand-Cours.
Rouvier et Ce, id.
Roman, place Bouquerie.
Sagnier-Teulon, rue Graverol.
Saurel, rue Auguste.

Fromages. (March. gros.)
Amat, rue Fresque.
Bonnet, rue Poissonnerie.
Deleuze, place Belle-Croix, *dét.*
Loubet, place de la Cathédrale.

Fumistes. (V. ferbl. et poêliers.)

Forgerons en voitures.
Aubry, rue Notre-Dame.
Cabanis, place Montcalm.
Ducros, place Montcalm.
Duprat, rue Roussy.
Rafin, rue Notre-Dame.
Richaud, rue Roussy.
Souffert, rue Notre-Dame.

Furets (march). Gueidan, C.-Neuf

Galons sergés. (Fabr.)
Bertrand et Ce, chemin d'Uzès.
Bon frères, quai de la Fontaine.
Guiraudin-Colançon, r. Baduel.
Espérandieu, place Bouquerie.
Pascal-Jourdan, ch. d'Avignon.

Garnit. pour sabots et galoches.
Bessède, fabricant, place Calade.

Géomètres-Experts.
Bardou, rue St-Pierre.
Bastide, rue Montjardin.
Carrière, rue des Frères-Mineurs.
Léotard, rue des Tondeurs.
Soustelle-Gaude, b. St-Antoine.
Tourette, rue de la Figuière.

Grains et Farines. (March.)
Baume, rue Carrèterie.
Bernioud aîné, rue St-Antoine.
Bouquier, rue Pont-Sigalon.
Bourdy, rue Neuve-des-Arènes.
Bourdy-Lapierre, pl. des Arènes.
Campde, rue du Grand-Couvent.
Chabaud (veuve), Petit-Cours.
Gervais, rue de l'Etoile.
Jourdan-Génodier, c. d'Avignon.
Lapierre-Béchard, b. de l'Hôpital.
Léris-Valette, ch. d'Avignon.
Mercier et Jaumeton, Carrèterie.
Plane, porte de France.
Prunac, ch. d'Avignon.
Ribot-Roux, boul. St-Antoine.
Rouverol-Peyza, rue de l'Etoile.

Roux-Paulet, rue de l'Etoile.
Sequelin, rue de l'Etoile.

Graveurs sur bois.
Audibert, chemin de Sauve.
Barbier, porte d'Alais.
Cortès frères, rue de l'Aspic.
Eygasier, rue de la Lampèze.
Fabre, rue des Bons-Enfants.
Gas, Cours-Neuf.
Gontas, rue de Bernis.
Hergot, rue Tête-de-Mort.
Ischelff, chemin d'Uzès.
Martin père et fils, r. Séminaire.
Meyer, quai Roussy.

Graveurs sur métaux.
Boulet, planches plates, r. Roussy.
David frères, rue Fourbisseurs.
Girot-Gaude, rue Régale.

Habill. confectionnés.
Aussorgues, pl. du Marché.
Baron, boul. Calquières.
Basset, boul. des Calquières.
Bertinotti, boul. Petit-Cours.
Bouchoux (veuve), rue Fresque.
Cabanel, boul. Madeleine.
Cabrol, place des Carmes.
Cerf, *aux* 100,000 *Paletots*, boul.
  Madeleine.
Chanel, place de la Cathédrale.
Chavernot, boul. des Carmes.
Doul, rue des Marchands.
Dubourdieu, place des Carmes.

Fuschini, boul. Calquières.
Jaussaud, rue des Marchands.
Jullian, rue Fresque.
Lévy et Ce, boul. St-Antoine.
Marin, rue St-Castor.
Poeydebasque-Brouzet, boul. des
  Calquières.
Privat, place de l'Aspic.
Puech, *Dépôt Parisien*, boulev.
  St-Antoine.
Puech, rue Curaterie.
Servant, chemin d'Avignon.
Vialat, *Dépôt Parisien*, rue des
  Marchands

Herboristerie et Graines.
Carcassonne G., rue Antonin.
Causse-Soubeiran (ve), rue Neuve-
  des-Arènes.
Fabre (ve), p. aux Herbes, *détail.*

Horlogers.
Augier, Grand-Rue
Berger cousins, pl. Hôt.-de-Ville.
Bonnaure, rue Curaterie, au 1er.
Buchelet, boul. des Calquières.
Chapuis, boul. Petit-Cours.
Ducros, boul. de la Comédie.
Nicolas, boul. St-Antoine.
Nordhoff-Déferre, b. Madeleine.
Pernet, place du Marché.
Ravailhe, boul. St-Antoine.
Robert, place du Marché.
Roux, boul. St-Antoine.
Schneider, boul. des Calquières.

Hôtels-Restaurants.
Achard, rue de l'Etoile.
Argillier, rue de l'Etoile.
Arnassan, pl. de la Couronne.
Boissier, hôtel de l'*Univers*, place de la Couronne.
Bressac, place Bouquerie.
Chabanier, hôtel de la *Bourse*, rue des Arènes.
Chautard, h. des *Trois-Pigeons*, rue Enclos-Rey.
Compan (veuve), h. de *France*, rue des Arènes.
Crès, hôtel des *Cévennes*, place Bouquerie.
Duclap, avenue de l'Embarcadère.
Durand, h. du *Gard*, pl. d'Assas.
Durand père, pl. de la Couronne.
Durand, successeur de Foulquier, rue Fresque.
Etienne, hôtel de *Paris*, boulev. de la Madeleine.
Franc, hôtel du *Cheval-Blanc*, place des Arènes.
Jorot, rue Grétry.
Lavondès, hôtel du *Midi*, place de la Couronne.
Manivet (veuve), b. Madeleine.
Mourgue, hôtel du *Commerce*, boul. des Casernes.
Othon, h. du *Nord*, b. Calquières.
Paut, place de la Couronne.
Pouten (veuve), hôtel du *Petit-St-Jean*, place des Carmes.

Prieur, hôtel du *Rhin*, boulevard des Calquières.
Sergent, hôt. du *Veau-d'Or*, place des Casernes.
Valez, h. d'*Europe*, p. Couronne.

Huiles. (*March.*)
Amat, rue Fresque.
Arnaud, rue Neuve.
Cabiae, rue Enclos-Rey.
Janot, rue de l'Etoile.
Penchinat, r. du Grand-Couvent.
Verdier, rue Fénélon.
(*Voir* Epiciers en gros.)

Imprimeurs typographes.
Baldy et Roger, rue Ste-Ursule.
Ballivet et Fabre, r. Hôt.-de-Ville.
Durand-Belle, place du Château.
Lafare et Attenoux, place de la Couronne.
Guibert (veuve), rue Régale.
Soustelle-Gaude, b. St-Antoine.

Imprimeurs lithographes.
Bouvetier frères, boul. Comédie.
Déchert-Maurant, b. St-Antoine.
Dombre, boul. Comédie.
Fabre fils et C⁰, b. St-Antoine.

Imprimeurs en taille-douce.
David frères, rue Fourbisseurs.

Imprimeurs sur étoffes.
Gas-Veirun, châles.
Vermez, rue N.-de-l'Hôt.-Dieu.

Veirun , quai de la Fontaine.
(Voir *Foulards et cravates*.)

Incrustations pour meubles , billards et pianos.
Clair, Terre-du-Fort.
Corbière, place du Château.

Instruments aratoires.
Duval, rue Neuve-des-Arènes.
Hacquard, cl. de Dombalt, chem. de Montpellier.
Vallat frères, ch. de Montpellier.
Vallat-Granat, ventilateurs, breveté de 3 méd., r. des Tanneurs.

Instruments et Musique. (*March*.)
Estrivier, rue de la Colonne.
Flachet, place M.-Carrée.
Laporte, b. St-Antoine.
Pol , b. de la Madeleine.
Prunac , rue de l'Horloge.

Jardiniers fleur. et pépinier.
Boyer, quai de la Fontaine.
Brunel-Tholozan , rue Catinat.
Dussaud, viaduc du ch. de fer.
Jouve, chemin d'Uzès.

Lacets. (*Fabr*.)
Cabanes , rue St-Luc.
Ferrière et Clauzel, q. Fontaine.
Quelle et Courbon, ch. Montpel.
S^{el} Guérin neveu, Laget et Ce, rue Trajan.
Samuel Guérin, rue St-Mathieu.

Laines. (*March*.)
Abel-Lauzière, v. ch. Montpellier.
Audemard-Lauzière , chemin de Montpellier.
Bosc père et fils, ch. de St-Gilles.
Daussat, boul. des Calquières.
Fabre, rue Graverol.
Mallet fils aîné, rue Grizot.
Mallet Philippe, rue Grizot.
Sagnier, rue Baduel.
Saltet, chamoiseur, Jeu-de-Mail.

Laines lavées , cardées et filées , housses et ravats.
Ducros frères, Cours-Neuf.
Fabre Paul, rue Graverol.
Fabre, pont de la Bouquerie.
Goulard, rue Neuve-de-l'Agau.
Larnac, rue Basse-du-Fort.
Lecun, rue Trajan.
Rédarès, rue Titus.
Sagnier, *fabr. de fouets*, C.-Neuf.

Lampistes.
An, rue de la Monnaie.
Burnel, Grand'Rue.
Chasseriaud, place Cathédrale.
Gaudin, b. Saint-Antoine.
Thomas, rue des Fourbisseurs.
Vedel, rue des Broquiers.

Légumes. (*Entrep*.)
Maurice, chemin de Montpellier.

Libraires.
Borély, boul. Madeleine.

Gárve, boul. Comédie.
Giraud, boul. St-Antoine.
Manlius-Salles, b. Madeleine.
Richard, Grand'rue.
Teissier, boul. Esplanade.
Waton, boul. St-Antoine.

Limes (Retailleur de).
Schmit, à la Placette.
Veissière, r. N.-de-l'Hôtel-Dieu.

Liseurs de dessins.
Bigot frères, rue Becdelièvre.
Blisson, rue Hôtel-Dieu.
Chambournier et Chardonnaux, place Balore.
Chancel, rue Pont-Sigalon.
Combe, rue des Orangers.
Coulorgue, rue Château-Fadaise.
Japavaire, ch. de Montpellier.
Légau, rue Enclos-Ste-Marie.
Platon, rue des Lombards.

Lits en fer. (Fabr.)
Rédier, Petit-Cours.

Maçons. (Entrepr.)
Aubert, rue du Rempart.
Aumeras père et fils, r. Flamande.
Aumeras jeune, rue Richelieu.
Baloir, chemin d'Avignon.
Chabassut, rue de la Luzerne.
Chabert, place Bachalas.
Estève frères, boul. du Viaduc.
— rue Neuve.
Fabre, porte d'Alais.

Gelly, rue de la Lampèze.
Gelly, rue Ménard.
Ginestoux père et fils, ch. Tour-l'Evêque.
Pascal frères, r. Porte-de-France.
Portal fils, rue Carrèterie.

Marbriers.
Blanc, rue Notre-Dame.
Laye fils, rue Roussy.
Martin, boul. Calquières.
Rieux, boul. St-Antoine.
Sol, boul. des Calquières.
Vierne, rue des Greffes.

Maréchaux-ferrants.
Balsan, chemin de St-Gilles.
Béziers, rue Notre-Dame.
Canonge, rue Molière.
Daudet, chemin d'Avignon.
Jeanjean, place Balore.
Jouet, dit *Dauphinais*, r. Se-Ursule.
Mas, chemin de Montpellier.
Michel, taillandier, p. Montcalm.

Mécaniciens.
Coquinet, ch. de Montpellier.
Fabre, rue de l'Agau.
Faure, Enclos-Rey.
Jeanjean, rue Pavée.
Lacuve et Ce, ch. de Montpellier.
Mathe, rue de l'Horloge.
Palloc fils aîné, rue de la Luzerne.
Pouquet aîné et Marignon, chem. de St-Gilles.
Tonnelot, rue St-Mathieu.

Menuisiers.

Auriol, *modeleur*, chemin d'Uzès.
Basset et Justamond, rue Dorée.
Blandin, rue Dorée.
Rord, rue d'Aquitaine.
Brunellière, rue St-Philippe.
Brunellière cadet, constructeur de boiseries pour métiers, moquettes et haute-laine, Hôtel-Dieu.
Carle, rue Fléchier.
Carrière, place Maison-Carrée.
Doucet, rue Neuve.
Dumond, rue Grand-Couvent.
Gignoux, rue Grand-Couvent.
Giraud, rue Dorée.
Journet, rue de Bernis.
Lange fils, porte d'Alais.
Maury, rue des Orangers.
Merlot, rue Pavée.
Pascal, petit ch. de St-Gilles.
Paul, rue de la Charité.
Piallat, men. en voit., r. Roussy.
Poinsard, rue Basse-du-Fort.
Salamagne, rue des Babouins.
Salles, rue de la Luzerne.

Merciers. (GROS.)

Bonnal et Lamouroux, rue Saint-Antoine.
Brès, rue de l'Horloge.
Chabrol frères et Cᵉ, r. de l'Aspic.
Espion-Larnac, rue Barquettes.
Preslat-Durand, place Cathédrale.
Riboulet-Millard, rue Tondeurs.

Saussine-Peyre, rue Fresque.
Vidal-Béraud, place Salamandre.

Merciers. (DÉTAIL.)

Albran-Pascal, rue de l'Horloge.
Arnal, place Cathédrale.
Arnaud, Grand'Rue.
Aumeras, rue St-Pierre.
Blanc, place de la Calade.
Brès, rue des Lombards.
Brès, rue Curaterie.
Brunel et Lauze, rue de l'Aspic.
Chaptal, rue Grand-Couvent.
Chazel, rue des Barquettes.
Daleyrac (veuve), rue Trésorerie.
Darboux (veuve), rue St-Castor.
Fache-David, rue de la Monnaie.
Galafrès, rue Trésorerie.
Gédeon-Guesquel, r. Madeleine.
Grévoul, Petit-Cours.
Jalaguier, Grand-Cours.
Laurent, rue Trésorerie.
Mathieu-Bernassau, r. Fruiterie.
Penchinat-Deseuze, r. Horloge.
Peyron, rue Curaterie.
Pucch, place Grand-Temple.
Roussel, rue Rangueil.
Sablier, rue des Prêcheurs.
Sipeyre (veuve), rue Carrèterie.
Soulier, place du Marché.
Tardy, rue des Prêcheurs.
Toulouse, rue St-Castor.
Toulouse fils, rue Richelieu.
Vidal, rue Curaterie.

Métaux. (Essayeurs.)
Bonardel, boul. St-Antoine.
Dupuy, Cours-Neuf.

Meubles neufs et d'occasion.
Alouet, place de la Calade.
Basque, place des Casernes.
Bouquier, Grand-Cours.
Roux, boul. des Calquières.
Saint-André, boul. Petit-Cours.
Seguin, Petit-Cours. (V. Ebén.)

Miroitiers et Doreurs.
Bardon, rue de l'Horloge.
Bernard-Duffaut, r. de l'Horloge.
Broche aîné, rue des Lombards.
Viellard, rue de l'Aspic.

Modes (1) et Lingerie.
Mesdames
Arnaud, rue Curaterie.
Avinen-Atger, r. Petits-Souliers.
*Bel, Grand'Rue.
Bompard, rue Madeleine.
Boucoiran, rue des Marchands.
Brunel sœurs, rue Fruiterie.
Brusselle, rue Grand-Couvent.
Carle, rue du Chapitre.
*Caroline et Charlotte, Gr.-Rue.
Chevalier, rue Grand-Horloge.
*Clément, place Hôtel-de-Ville.
Chloé-Castéras, rue Lombards,
  15, au 1er.
Dicudet, rue Fruiterie.

(1) Les adresses précédées de ce signe*
confectionnent les chapeaux pour dames

Dubouchet, rue Fourbisseurs.
Dumas, rue des Marchands.
*Dumas, rue Régale.
Fabre, rue de l'Aspic.
Gaubert, rue Trésorerie.
Gibelin-Manivet, rue Colonne.
Justamond-Martin, rue Régale.
Justamond-Prout, rue de l'Aspic.
*Laflèche, rue Régale.
*Laure, rue Trésorerie.
Leclair, boul. St-Antoine.
Lévy, lingerie pour hommes, rue
  de l'Hôtel-de-Ville.
Maurel, rue des Lombards.
Maurin, rue du Chapitre.
*Mazier, spécialité pour dames,
  boulevard Madeleine.
Mayrargues, rue Régale.
Milhaud, rue du Chapitre.
Milhaud-Bernard, r. du Chapitre.
Passebois, rue de l'Aspic.
Pierre, Grand'Rue.
Pinède-Grégoire, rue des Greffes.
Planchon, rue des Marchands.
*Pomerol-Bouquet, rue Colonne.
Salomon, rue du Chapitre.
Senesse-Pichon, rue Fresque.
*Silvestre, pl. de l'Aspic, 2, au 1er.
Vidal, rue des Marchands.
Vincent-Converset, r. Prêcheurs.

Monnaies. (Chang.)
Dumas (veuve), rue Régale.
Roux, boul. des Calquières.

Mouchoirs et articles fil. (GROS.)
Fulcrand, articles Beaujolais et coton de Roanne, rue Régale.
Garsiau-Camus et fils, rue Régale.

Mouleurs sur plâtre.
Thomas-Mey, rue Condé.

Mouliniers en soie.
Janin, rue Porte-d'Alais.
Peyre aîné, rue Baduel.

Musique. (*Profess.*)
Berthet frères, rue Grétry.
Brioude, rue Grétry.
Crozals, rue N.-des-Arènes.
Fabre, place Maison-Carrée.
Guerin, rue de l'Aspic.
Grimal, rue Maternité.
Delaruelle père et fils, r. Graverol.
Marteau, rue Racine.
Mathieu, rue Monjardin.
Mauger, rue Mûrier-d'Espagne.
Meffre, rue Molière.
Mouturat, *chant*, r. Fresque.
Pelet, rue de la Bazique.
Rouais, rue Pavée.
Rousselet E., place Balore.
Rousselot F., rue Hôt.-de-Ville.

Nouveautés et châles. (GROS.)
Ayral, Guiraud, Deleuze et Cᵉ, rue Quatre-Jambes.
Boissier frères et fils, rue Régale.
Chabas et Roussel, p. Puits-Gr. Table.
Cognet, rue Régale.

Michel et Cᵉ, articles Beaujolais, St-Quentin et Tarare, place de la Salamandre.
Mirabeau et Peyre, Grand'Rue.
Picheral-Ardouin, rue Régale.
Picheral et Peyron, rue Régale.
Picheral fils et Sapey, r. Violette.

Nouveautés (1) *et châles.* (DÉTAIL.)
Lainages, indienne et rouennerie, tissus fil et coton, foulards et cravates.

Achard, rue du Chapitre.
Achard (Dˡˡᵉˢ), place Belle-Croix.
*Bernard aîné (vᵉ), r. Marchands.
Bertrand, rue du Chapitre.
Bessalet-Milhaud, id.
*Bosc-Devèze, rue Marchands.
*Brunel, rue de l'Aspic.
Chabas et Roussel, Puits-de-la-Grand'Table.
Chapel (veuve), rue Trésorerie.
Combemalle, quai de la Fontaine.
*Coste et Cᵉ, rue des Marchands.
*Dussaud, succ. de Mᵉ vᵉ Cornu-Cellier, rue de l'Aspic.
Eymar père et fils, rue Régale.
Fénélon, rue du Chapitre.
Foule, id.
Fromant, rue Curaterie.
*Gallian-Janot, rue Marchands.
Garnier (veuve), rue St-Castor.

(1) Les maisons précédées de ce signe * tiennent la grande nouveauté.

Hyacinthe-Tempié, p. Cathédrale.
Jullian, rue de l'Etoile.
Lacoste, rue Poissonnerie.
Laroque (veuve), rue Chapitre.
Laurent jeune et Saumeras, rue des Marchands.
Marguerit-Granier, r. Madeleine.
*Massip-Chapel, rue Marchands.
*Mazier sœurs, boul. Madeleine.
*Mestre, rue des Marchands.
*Michel et Cᵉ, rue Régale.
Milhaud-Mossé, pl. Belle-Croix.
*Mirabeau et Peyre, Grand'Rue.
Montel et Digne, rue Chapitre.
*Nègre, rue des Marchands.
*Pélissier, place Salamandre.
*Picheral, rue de l'Aspic.
Pic-Roque, rue Chapitre.
Portal, rue St-Castor.
*Rousselot-Chapel, rue de l'Aspic.
*Villaret-Ausset, place de l'Aspic.
Seite, rue des Petits-Souliers.
Sorbier-Vidal, rue du Chapitre.
Teissier-Bessières, rue Tondeurs.
Thérond, rue du Chapitre.

Opticiens.

Estrivier, rue de la Colonne.
Jeunet et Bonardel, b. St-Antoine.
Rouquette, pl. Hôtel-de-Ville.

Ornements d'Eglise.

Cancel, ruelle de la Calade.
Sabeu sœurs, place de la Calade.

Outils à l'usage des corps d'état travaillant le bois.

Cordesse fils, rue des Bénédictins.

Papetiers, fournitures de bureau.

Placide, rue des Fourbisseurs.
Baille, rue des Prêcheurs.
Capeau-Portal, place du Marché.
Capeau Al., rue des Barquettes.
Comte, place Bouquerie.
Comte, b. des Calquières.
David frères, r. des Fourbisseurs
Gervais, rue des Lombards.
Maurant, rue des Fourbisseurs.
Souteirant, b. de la Comédie.
Vigne-Montet, Grand-Cours.
Fabre fils et Cᵉ, b. St-Antoine.
(V. libraires et merciers.)

Papiers peints. (March.)

Boyer, place Hôt.-de-Ville, au 1ᵉʳ.
Boyer, rue Hôtel-de-Ville.
Jalabert-Portefais, rue de l'Aspic.
Leclair, boul. St-Antoine.
Mourissargues, boul. Madeleine.

Parapluies et Ombrelles.

Avenal, rue Madeleine.
Billion, rue de l'Aspic.
Capet, rue des Lombards.
Méjean, rue des Orangers.
Pouget (veuve) et Boudias, rue de l'Horloge.
Fournier, rue des Fourbisseurs.

Parfumerie. (*March.*)
Perrin-Conte (*gros*), r. de l'Aspic.
Lévy, parfum. de la Soc. hygién.,
　rue Hôtel-de-Ville.
　　　　　　(*Voir* Coiffeurs.)

Passementiers. (*Fabr.*)
Garde-Thomas, Grand'Rue.
Griolet, place Calade.
Raisin, r. Aspic. (*March. gros.*)

Peaux. (*March.*)
Cambon, cuirs pour chapeliers,
　rue Grizot.
Grégoire et Mabelle, chemin de
　Montpellier.
Mallet fils aîné, rue Grizot.
Philippe-Mallet, rue Grizot.
Saltet, chamoiseur, r. Fourbiss.

Pédicures.
Chabana, b. Petit-Cours.
Peyri, rue Caguensol.

Peignes. (*Fabr.*)
Robert, Grand'Rue.

Peintres en décors et en bâtiments.
Adert, rue de l'Aspic, 25, au 1er.
Baldy, rue Jeanne-d'Arc.
Barbut, entrepr., rue M.-Carrée.
Barison, rue des Orangers.
Bérard, Petit-Cours.
Bérard, rue des Remparts.
Broche cadet, rue des Lombards.
Cerveau père et fils, rue de l'Agau.
Coulange, Petit-Cours.

Eugène, rue des Babouins.
Fajon, rue Four-des-Filles.
Leclair, boul. St Antoine.
Mayan, place du Château.
Pinède, rue des Greffes.
Pourcher, rue de la Lampèze.
Rey, rue Maison-Carrée.
Roulle, rue Graverol, 16, au 1er.

Peintres en voitures.
Carias aîné, rue de la Luzerne.
Triaire, rue Notre-Dame.

Pensionnats de garçons.
D'Alzon, pens. de l'*Assomption*,
　rue Pont-de-la-Servie.
Arnal, rue Ste-Ursule.
Baly, boulevard des Casernes.
Baume (l'abbé), p. *St-Stanislas*,
　rue des Chasseintes.
Bedôt, boul. des Casernes.
Canivet, rue Colbert.
Ducros, rue des Bénédictins.
Guion-Monteil, q. de la Fontaine.
Jaulmes, pensionnat *Evangéliste*,
　rue Grétry.
Monteils-Nougarède, pensionnat
　préparatoire au baccalauréat et
　aux grandes écoles du gouver-
　nement, rue Pavée.

Pensionnats de demoiselles.
Mesdames
Claire, rue des Greffes.
Coutélier, rue Dorée.

D'Agrémont, rue Gr.-Couvent.
Dames de Besançon, r. Faïence.
Dames de St-Maur, Esplanade.
Gadilhe, place Belle-Croix.
Guion, rue Mûrier-d'Espagne.
Jacquereau, rue des Barquettes.
Martin, rue Pavée.
Paradon, quai de la Fontaine.
Pattu, boulevard des Casernes.
Pestreau, quai de la Fontaine.
Pulsfort, rue Grétry.
Rolland, rue des Lombards.
Roumestan, rue Séguier.
Schener, Petit-Cours.
Thomé, rue Enclos-Rey.
Travier, près le Petit-Temple.
Verdilhant, rue des Orangers.

Pharmaciens.

Aubanel, place Maison-Carrée.
Baud, chemin d'Avignon.
Bellile, fabr. d'huiles de ricin et
  d'amandes, place St-Antoine.
Boucoyran, rue de l'Horloge.
Boulary, rue Fruiterie.
Boyer, Puits-de-la-Grand'Table.
Coulomb, rue des Lombards.
Deferre, place du Marché.
Dolque, place St-Charles.
Ducros, rue Fruiterie.
Escande, rue Neuve.
Fontanès, place du Marché.
Gamel, place Salamandre.
Mourgue, rue Grand-Couvent.

Moustardier, Petit-Cours.
Pleindoux, Petit-Cours.
Rebuffat, fabr. d'eaux gazeuses,
  spéc. pour sirops, spéc. pharm.
  autorisées, rue Madeleine.
Roque, rue des Marchands.
Vermez, place Curaterie.

Ancienne maison Chiarini, Petit-
  Cours.

Pianos. (Fabr. et Accord.)

Fontaine, Enclos-Ste-Marie.
Guggemos-Clerget, r. de l'Horloge
Laporte, boul. St-Antoine.
Maury et Dumas, rue Lampèze.
Mager, Grand-Cours.
Paris père et fils, q. Fontaine.
Pol, boul. Madeleine.
Rousselot, place Balorc.

Pipes. (March. gros.)

Barbusse frères, r. N.-des-Arènes.

Platriers.

Aumeras père et fils, r. Flamande.
Beck, rue des Orangers.
Boussagault, rue Fléchier.
Cierge, rue Richelieu.
Dudieu, rue Richelieu.
Ferrier, chemin d'Uzès.
Guiraudin, rue Richelieu.
Leclerc, rue Glérisseau.
Lemony, rue Cavalier.
Mathieu, place de l'Aspic.

Porcheville et Cordel, Encl.-Rey.
Reynaud, rue de la Lampèze.
Vidal aîné, anc. ch. d'Avignon.

Plumassiers.
André, rue du Chapitre.
Brunel-Rouverol, rue de l'Aspic.

Potiers d'étain.
Coste, rue Fruiterie.
Dumas, rue des Barquettes.
Giovanna, r. des Petits-Souliers.
Morganti et Taffi, ustensiles de ménage, rue des Barquettes.

Porcelaines et cristaux.
Audon, place de l'Aspic.
Carcassonne, *fabricant*, petit ch. de St-Gilles.
Glot fils, articles pour pharmacie, rue de la Madeleine.
Guillon, rue Fruiterie.
Jouve-Bernassau, rue Fruiterie.
Prou, rue Monnaie.

Produits chimiques.
Dupuy, pour le chaulage des blés, Cours-Neuf.
Reynaud, pour les olives, rue Grétry.

Quincaillerie grosse.
Antonin (veuve), r. Barquettes.
Aris, chemin d'Avignon.
Bienvenu-Eyroux et Cᵉ, boulev. Petit-Cours.

Brunel, rue des Marchands.
Ferdière, chemin d'Avignon.
Ferdière fils, rue des Prêcheurs.
Granier, place Cathédrale.
Grill, rue St-Antoine.
Hauvert-Blancard, rue Fresque.
Julien, chemin d'Avignon.
Labry et Eyroux, rue Lombards.
Malanet, rue Grand-Couvent.
Marioge, place du Marché.
Michel et Maymard, bronzes en tous genres, r. des Lombards.
Morin, place du Marché.
Perraud, rue des Barquettes.
Reboul, Cité-Foulc.
Redier, Petit-Cours.
Rouchouse, pl. de l'Aspic.
Séguin-Peyron, rue St-Antoine.
Servoz, chemin de Montpellier.
Vautier (veuve), rue Madeleine.

Quincaillerie fine, joujoux.
Arnaud (vᵉ), b. St-Antoine.
Coulange frères, pl. des Carmes.
Giron, pl. Madeleine.
Mille, boul. St-Antoine.
(Voir *Merciers.)*

Relieurs.
Aubanel, rue du Rempart.
Cérès, rue de l'Horloge, 6, au 2ᵉ.
Leclair, place de la Salamandre.
Maurant, rue des Fourbisseurs.
Maurant-Vidal, rue Fresque.
Pierron, rue Corneille.

Pierron fils, rue de la Colonne.
Wittersheim, rue Pavée.

Remplacements milit. (Agents.)
Capelle, place des Carmes.
Jumas, rue St-Antoine.
Poeydebasque, boul. Calquières.
Vigne, rue des Tanneurs.
     (V. *Comp. d'assur.*)

Rouenneries et indiennes. (GROS.)
Carcassonne-Montel, Grand'Rue.
Deleuze et Coste, r. de la Violette
Foulc frères, rue Quatre-Jambes.
Montel frères, place Salamandre.
Vernet, Noury et Fournier, rue
  Quatre-Jambes.

Roulage. (Entrepr.)
Damseis et Cᵉ, place des Arènes.
Gaidan et Cᵉ, expédition pour le
  Nord et le Midi par bateaux à
  vapeur, place des Carmes.
Lapierre, place des Arènes.
Lamouroux, place des Arènes.
Theulle-Bourely et Cᵉ, b. Carmes.

Rubans. (March.)
Rey, Palix et Cᵉ, place Maison-
  Carrée. *(Gros.)*
Crémieux, r. Marchands, *détail.*
    (Voir *modes et lingerie.*)

Sages-Femmes.
  Mesdames
Arribat, rue Mûrier-d'Espagne.

Aubert, rue de la Ferrage.
Brunel, rue Fruiterie.
Brousse, Grand'Rue.
Lemoine, rue de l'Horloge.
Thierry, rue Carrèterie.
Vernon, Enclos-Ste-Marie.

Sangsues. (Entrep.)
Jonquet, rue Pont-Sigalon.
Lamolle, rue des Lombards.

Sel. (Entrep.)
Domergue, rue St-Mathieu.
Fache, rue du Rempart.
Fache, rue d'Imbert.
Gazagne, rue Fresque.
Ménard, chemin d'Avignon.
Pélissier, rue Frères-Mineurs.

Selliers-carrossiers, malles
  et articles de voyage.
Aubry aîné, *carrossier*, r. Fénélon.
Auzeby, *malles (spéc.)*, Gr.-Cours
Bayard, boul. St-Antoine.
Figuier, boul. des Calquières.
Guitard père, boul. Calquières.
Guitard fils, boul. du Collège.
Imbert, boul. des Calquières.
Lebas, *gros*, place des Arènes.
Sauze, boul. des Calquières.
Tourre, rue Condé.

Serruriers.
Allet, rue Mûrier-d'Espagne.
Arnal, rue de la Férage.

Bastien, rue Ste-Eugénie.
Bélègue, boul. Esplanade.
Béringuier, ch. d'Avignon.
Bourély, rue des Tondeurs.
Cordesse, rue St-Mathieu.
Delarbre, rue Bât-d'Argent.
Issoir, rue Maison-Carrée.
Jalaguier, rue de la Pitié.
Leignadier, rue Petits-Souliers.
Leignadier jeune, r. Mûr.-d'Esp.
Martin, place du Château.
Martin neveu, rue Notre-Dame.
Michallet, ch. de Montpellier.
Monnet, rue Neuve-de-l'Agau.
Nicolas,   id.
Oullié-Lano,   id.
Palloc, rue des Chapeliers.
Pattus aîné, rue St-Paul.
Pattus cadet, rue Pavée.
Pattus jeune, rue Plotine.
Picard, rue du Chapitre.
Pujolas, rue Neuve-de-l'Agau.
Sève, chemin d'Avignon.
Vidal, rue Montjardin.

Soies à coudre. (Fabr.)

Bruguière, rue Deiron.
Gaidan, place Balore.
Roussy et Bernard, écharpes fantaisie, rue Deiron.
Rouvière frères, rue Trajan.

Suc de réglisse et extraits colorants. (Fabr.)

Barre, rue Trajan.

Tabacs. (Buralistes.)

Abrial, place des Arènes.
Alingry, place de la Couronne.
Ambroise, avenue Embarcadère.
Amoric, Grand-Cours.
Bancel-Noury, Petit-Cours.
Barne, place des Arènes.
Barneaud, place de la Couronne.
Blanc, chemin d'Uzès.
Calvet, rue Hôtel-de-Ville.
Chabert, chemin d'Avignon.
Combemale, ch. de Montpellier.
Dufour, Cours-Neuf.
Fanguin-Bastide, pl. St-Antoine.
Favant, place Grand-Temple.
Fromentin, rue Corneille.
De Gabriac, à la Placette.
Gilles, b. de la Madeleine.
Gilly, boul. de la Madeleine.
Grand-Guerin, débit de liqueurs, boul. de la Madeleine.
Imbert, place Bouquerie.
Lascombe, Petit-Cours.
Massias, *dép. d'articl. pour allaitement*, place Maison-Carrée.
Méjean, Petit-Cours.
Milhaud, avenue Embarcadère.
Peloux, place de la Couronne.
Rouverol, boul. des Casernes.
Roux, rue Richelieu.
Soulié, boul. Comédie.
Bonafoux, boul. des Casernes.

37

Tailleurs. (March.)

Arnaud, pl. H.-de-Ville, 2, au 1er.
Ballivet, rue de la Monnaie.
Ballivet, rue Hôtel-de-Ville.
Ballivet, rue de l'Aspic.
Bouvier, rue des Lombards.
Chaix, place Salamandre.
Clément, r. Marchands, 15, au 1er.
Cot, rue Régale.
Defors, rue des Greffes.
Delbaux, rue de l'Aspic.
Ducros, rue Hôtel-de-Ville.
Esteulle, rue de Bernis.
Fabre, rue Fourbisseurs.
Fabre, rue de l'Aspic.
Faure père, rue Hôtel-de-Ville.
Giliam, rue Fruiterie.
Gout, place Petit-Temple.
Gras et Ce, ruelle de la Calade, 2, au 1er.
Maag, rue Fruiterie, 5, au 2e.
Manuel-Roubric, rue du Fort.
Maurant jeune, rue H.-de-Ville.
Maurant et fils, rue de l'Aspic.
Metge, rue de l'Aspic, 14, au 1er.
Parguel père et fils, Grand-Cours.
Pieyre, place Cathédrale,5, au 1er.
Privat aîné, place de l'Aspic.
Puech, rue des Tondeurs.
Rouget, rue de la Monnaie.
Serre et Jouve, Grand'Rue.
Tastevin, rue Trésorerie.
Wolff, r. de l'Aspic, 8 *bis*, au 2me.

Tailleuses pour dames.

Mesdames

Béraud, rue Auguste.
Bertrand, rue des Marchands.
Boyer, rue des Lombards.
Capillery, place Balore.
Clément, rue des Fourbisseurs.
Courvoisier sœurs, b. Calquières.
Ferry, place du Marché.
Giron, place Balore.
Gory, rue Pavée.
Hérat, rue Fresque.
Lange, rue Grand-Couvent.
Maurice, rue Madeleine.
Peyrot, boul. Comédie.
Roustan, rue Fruiterie, maison
   David.
Sorbier, rue des Marchands.
Spyr, rue Fresque.
Turquat, rue de l'Aspic.
Viguier, rue des Marchands, 8,
   jusqu'à la Saint-Michel 1854.
   A dater de ce jour, rue Fruite-
   rie, maison David.

Tanneurs et Corroyeurs.

Bosc, petit chemin de St-Gilles.
Cambon, rue des Tanneurs.
Chabaud, rue Grizot.
Fulcrand, rue Grizot.
Jeanjean, rue des Tanneurs.
Verdier, rue Grizot.

Tartre. (Fabr.)

Duschet-Roche, rue Grétry.

38

Tapis, moquettes et étoffes pour meubles. (Fabr.)
Arnaud-Gaidan.
Coulet, rue Neuve.
Flaissier frères, q. de la Fontaine.
Flaissier cousins, M.-aux-Bœufs.
Laval, rue de la Bazique.
Martin, rue des Bénédictins.
Martin-Rouvière, rue Auguste.
Rouvière-Cabane, place Balore.
Rouvière-Roussel, pl. Madeleine.
Saurel, rue Trajan.

Tapissiers, étoffes pour meubles.
Bouquier, Grand'Rue.
Boyer, Grand'Rue.
Jacoton-Ginoux, b. St-Antoine.
Léchelard, rue de l'Aspic.
George, rue Fourbisseurs.
Noury-Fabre et Cᵉ, r. Trésorerie.
Sévérac, Petit-Cours.
Thomas, pl. de la Couronne.
Treuchel, rue Régale.

Teinturiers.
Bas, canal de l'Agau.
Baumes, rue Neuve-de-l'Agau.
Boesch, rue Antonin.
Bonafé, canal de l'Agau.
Deleuze, rue Neuve.
Delord, canal de l'Agau.
Ducros fils, rue Nerva.
Dumas, canal de l'Agau.
Fajon, rue Neuve-de-l'Agau.
Fraisse et Fagot, canal de l'Agau.

Garrelly, rue Pavée.
Gilly frères, canal de l'Agau.
Gilly, rue de l'Agau.
Goulard frères, rue N.-de-l'Agau.
Jarret, rue Four-des-Filles.
Mazaury, canal de l'Agau.
Michel, rue Neuve-de-l'Agau.
Mouriez, canal de l'Agau.
Moussier aîné,   id.
Moussier jeune,   id.
Planchaut,   id.
Plantier,   id.
Robert Joseph,   id.
Robert Pierre,   id.
Robert-Roulle, rue M.-d'Espagne.
Robert Thomas, rue Pavée.
Saussine, canal de l'Agau.
Savanier,   id.
Teissier,   id.
Toureil,   id.
Villaret, rue Grand-Couvent.

Teinturiers-dégr. et décatiss.
Bachevalier, rue de l'Horloge.
Chabas, chemin d'Avignon.
Escalier, rue de l'Arc-Dugras.
Etienne, rue Mûrier-d'Espagne.
Hérald, Petit-Cours.
Leclerc, boul. des Calquières.
Lhuillery, rue Grand-Couvent.
Pichon, boul. des Calquières.
Pieyre, pl. Cathédrale, 5, au 1ᵉʳ.
Sabathé, rue Neuve-de-l'Agau.
Serre et Bouquier, rue Tondeurs.

Tresfond, rue Neuve.
Vacher, Grand'Rue.
Vosniey, rue des Lombards.

Terreau animalisé. (Fabr.)
Achard et Cᵉ, rue de la Luzerne.

Toiliers. (DÉTAIL.)
Bernard-Lapierre, rue Régale.
Coste et Cᵉ, rue des Marchands.
Eymard père et fils, rue Régale.
Jalaguier fils aîné, rue Régale.
Filhiot, rue des Marchands.
Milhaud-Mossé, pl. Belle-Croix.
Villaret-Ausset, place de l'Aspic.

Tonneliers et foudriers.
Chaïier, rue Notre-Dame.
Gallet, chemin d'Avignon.
Hiigel, vieux ch. de Montpellier,
  foudrier.
Jalabert, rue Montjardin.
Laurans, ch. de Montpellier.
Planchon et Bellemand, r. Neuve.
Pons, chemin d'Avignon.
Puech, rue St-Paul.
Saurin frères, rue St-Paul.
Vidier, rue Neuve-Hôtel-Dieu.

Tourneurs sur bois.
Fabre, place de la Calade.
Laguilhat, rue Grand-Couvent.
Richard, Petit-Cours.

Tourneur sur pierres.
Dayre, rue Pont-Sigalon.

Usine de l'Union.
Edouard Puech, gérant.

Vanniers.
Bérard, rue St-Antoine.
Missol, Grand'Rue.
Roux, boul. des Calquières.
Tessa,   id.

Vermicelles et pâtes. (Fabr.)
Benoit-Favant, rue du Cyprès.
Trial, boul. des Calquières.

Vernis et Couleurs. (Fabr.)
Espérandieu-Gilly, pl. Madeleine

Verres et bouteilles. (Entrep.)
Boudon, *à vitre*, r. Thoumayne.
Fontanieu, Grand-Cours.
Missol, Grand'Rue.
Prou, rue de la Monnaie.
Roux-Despey, boul. Calquières.
Trappe-Samary, *verres de Givors*,
  boulevard St-Antoine.

Vétérinaires.
Boudgourd, rue de la Maternité.
Massot, rue de la Fonderie.

Vins et spiritueux. (GROS.)
Agenor-Santet, ch. d'Avignon.
Arnaud aîné, rue du Fort.
Arnaud-Roux, rue Neuve.
Bastide père, rue Notre-Dame.
Bastide-Junion,   id.
Bergeret-Seguin, rue de l'Aspic.

Berger et Sarrasin, quai Roussy.
Cabanne, rue Neuve-des-Arènes.
Denis et Sully-Blanc, rue Saint-Antoine.
Corse, Johannot et Cᵉ, r. Richelieu.
Courbet-Amalric, place Balore.
Coutelle, rue Neuve.
Escande, *Langlade*, Gr.-Cours.
Faget, rue Pont-de-la-Servie.
Galoffre aîné, rue N.-des-Arènes.
Galoffre et Méjanel, rue Neuve-de-l'Hôtel-Dieu.
Jalaguier-Galoffre, rue Neuve-des-Arènes.
Julien, rue Montjardin.
Lamouroux, boul. du Viaduc.
Lieurre, rue Roussy.
Maroger, rue Neuve-Hôtel-Dieu.
Nalis, rue Notre-Dame.
Persy, rue Neuve-Hôtel-Dieu.
Reboul, Petit-Cours.
Roger, rue Neuve-Hôtel-Dieu.
Russy, rue Pont-de-la-Servie.
Salery et Malazel, ch. St-Gilles.
Salomon-Roux, rue Neuve.
Scipion-Bouzanquet, rue Neuve.
Vidal et Cabanis, ch. Montpellier.

Vins. (DÉTAIL.)

Brun, rue Mûrier-d'Espagne.
Champel, rue Richelieu.
Chapus, rue Neuve-de-l'Agau.
Clément et Déjean, r. Encl.-Rey.
Combrier, rue Porte-d'Alais.

Deimon, rue Pont-Sigalon.
Devèze, rue de la Vierge.
Garnier, rue Neuve-de-l'Agau.
Gazagne, rue Fresque.
Jullian, rue des Babouins.
Pattus, rue Mûrier-d'Espagne.
Roumajon, rue Tête-de-Mort.
Théront, rue Corneille.

Voitures publiques.

Bimard et Gleizes, mess. du Midi et du commerce, h. du *Louvre*.
Franc Laporte, E. Pelon et Cᵉ, pour Montpellier et Rodez, pl. Madeleine.
Merle, mess. générales de France, place de la Couronne.
Roux, mess. impériales, hôtel du *Louvre*.
Salomon, m. de postes et relayeurs réunis, hôtel de l'*Univers*
Pascal Louis, mess. du Midi et de l'Auvergne, b. Calquières.

Voitures partant de Nîmes pour l'intérieur du département.

Aiguesmortes, Hugon, p. Arènes.
Aimargues et Le Caylar, Durand, pl. St-Antoine.
Aubais, Rebuffat et Cᵉ, id.
Alais et St-Ambroix, p. Bouquerie
Anduze et St-Jean-du-Gard, par les mess. du Midi et de l'Auvergne.
Beauvoisin, Faysse, pl. Arènes.

Calvisson, Audry et Gilly, place des Arènes.
— Clauzel, id.
Codognan et Vergèze, Bosc, id.
Générac, Teissier, id.
Montfrin, Saez, b. des Calquières
Nages et Langlade, Maurin, place
Redessan, Dudon, b. Calquières.
Remoulins, Castillon et Cᵉ, place Couronne, *et pour Avignon.*
Sauve, Vigan, St-Hippolyte et Valleraugues, b. Madeleine.
St-Chaptes, Domergues, place Bouquerie.
St-Gilles, Josselme, Cité-Foulc.
Sommières, Franc, b. *Ch.-Blanc.*
Uchaud, Bergeron, p. des Arènes.
Uzès, Chabaud (vᵉ), Petit-Cours.
— Deferre-Barry, b. Casernes.
— Jⁿᵉ Tarsaud-Paillon, b. du Collége.
Vigan, Bressac, place Bouquerie
— Coulomb et Cᵉ, pont de la Bouquerie.

Voitures de Louage.
Bompard, place de la Couronne.
Bressac, place Bouquerie.
Chabaud, rue du Fort.
Douzil, place St-Antoine.
Guibal, boul. de l'Esplanade.

Volaille et gibier. (*March.*)
Bruguier, rue St-Castor.
Lacuve, rue Ste-Eugénie.

Aiguesmortes.

Bois. Rivas.
Bourreliers. Gros, Lombard.
Cafetiers. Boulary, Chambon, Coulomb, Gadoud, Vical.
Chapeliers. Demoutier, Guignoir.
Charpentier. Berger.
Confiseur-Pâtissier. Sol.
Comm. en march. Conte, Gros, Vigne, Théauton.
Draperie, nouveautés et tissus. Gourdon, Guillard, Lurac, Milhaud.
Ferblantier. Rodde.
Ferronnier. Michel.
Merc.-quincailliers. Bagnols (vᵉ), Boissier, Fauque, Marchand, Sol.
Menuisiers. Berger Nicolas, Berger Jean, Joujoux, Cornier, Vical.
Orfèvre. Fabre.
Pharmaciens. Caucanas, Verduguez.
Restaurateurs. André, Marchand.
Sel. Boulary.
Serruriers. Chauderat, Hugon, Montrefet, Rimbaud.
Vins et spiritueux. Alcay.

Aiguesvives.

Bourreliers. Vigne.
Briques et tuiles. Bastide, Jamais.

Cafetier. Marioge.

Chapelier. Galibert.

Draperie, nouveautés et tissus. Granier, Rousson, Vialat.

Ferronnier. Pattus.

Grains et farines. Marazel, Roque.

Horloger. Vidier.

Merciers-quincailliers. Arlot, Michel.

Menuisiers. Deroux, Marvejol, Pattus.

Pharmacien. Prouzet.

Serrurier. Faravel.

Taillandier. Verdier.

Teinturiers. Cabanis, Julot.

Tonneliers. Cauzid, Combe, Dejardin, Fournet, Jalabert, Marioge François, Marioge Louis, Mathieu, Michel, Pattus Louis, Pattus François, Pattus Antoine, Pattus Louis, Rousson Louis, Rousson Claude, Rousson Jacques, Sciol, Vedel.

Vins et spiritueux. Arnaud, Combe, Coulard, Fontanès, Guérin, Hébrard Paul, Hébrard Jacques, Liotard, Melon, Michel, Pattus, Vialat, Vidier.

Aimargues.

Bois. Fayard.

Chapeliers. Delpuech, Labry.

Chaudronn. Arnaud, Langlade.

Draperie et tissus. Bergeron.

Tonnelier. Vessière.

Vins et spiritueux. Bernard, Castelnaud, Coissard, Grand, Pélissier, Picheral.

Aramon.

Bourrelier. Blanc.

Cafetiers. Monnet, Tousten.

Confiseur-pâtissier. David.

Draperie, nouveautés et tissus. Bouché, Dupont, Guiot, Lyon, Saint-Jean (veuve).

Ferblantier. Brunel.

Grains et farines. Menjaud, Rame, Surry.

Horloger. Bonhomme.

Liquoriste. Rame.

Mercier. Anteaume.

Pharmaciens. Cadouet, Rame.

Poterie de terre. Caveire, Gargas, Joubert, Truphemus.

Serruriers. Jalaguier, Peyric.

Teinturier. Moureau.

Aubais.

Bourreliers. Almeras, Daniac.

Cafetier. Mabelly.

Chaufournier. Valentin.

Draperie et tissus. Maurel.

Grains et farines. Gruvel.

Menuisiers. Rebuffet, Thomas.

Mercier-quincaillier. Delame.

Produits chimiques. Bosc, Costabel, Guiraud, Santet.

Savon (fabr.) Lamotte.
Serruriers. Bosc, Cairel.
Taillandier. Fabre.
Tonneliers. Bertrand-Chrestien, Bertrand François, Jourdan.
Vins et spiritueux. Mabelly, Pattus, Surguet.

Beaucaire.

Bains. Guez, Turquez.
Banquier. Sève.
Bateaux à vapeur. (Entrepr.) Baragnon, Bimard, Bonnardel.
Bois. Bourgeois, Chambard, Crouzet, Defrèche, Lespique, Debran.
Brasseurs. Rey, Rousse.
Cafetiers - Limonadiers. Bonnet, Bourrelly, Crouzet, Esparvier, Fauque, Floret, Pellenc, Quet, Rivière, Tibaud, Roque, Roque-Mathieu, Roussière, Sauret, Servent, Teissier, Vanal, Vignaud.
Chapeliers. Beaume, Claparède, Claparède (d^lle), Meyrieu, Vallon.
Charcutiers. Bernard, Cambon, Conte.
Charpentiers. Blanchard.
Charron. Cazevieille.
Chaudr. Desplanches, Turquat.
Chaufourniers. Almeras Honoré, Almeras Vincent.

Commissionn. entrep. et ag. d'aff. Basset, Bimard Jacques, Bimard Jean, Bimard Louis, Blanchard, Bontoux-Delpy, Bontoux Léon, Boudin, Brès, Cestin, Dubois, Farel, Guénon, Juillard, Lescure, Panilhan, Poncet, Rey, Saurat, Tavès, Trenquier, Vigne Aimé, Vigne Eugène, Auzilly.
Confiseurs-pâtissiers. Anthoine, Contestin, Manivet, Deleuze, Galliaud, Milet.
Cordonniers et march. de chauss. Bresson, Crouzet, Descosse.
Couteliers. Dubois, Marlot.
Cuirs. Triat.
Droperie, nouveautés et tissus. Anthoine, Anthoine François, Aurias, Bergougnoux, Bontoux, Bonnefoy, Breiton, Escalier, Goubier, Keileing, Puech, Raoux, Roquemartine, Ruel, Thomas.
Droguistes. Anthoine, Ailliaud, Contestin.
Ebénistes. Moureau, Lempereur, Chardon frères, Rey, Pierrugues.
Epicerie. Blanchet, Flouret, Vallat.
Ferblantiers. Blanc, Defont, Roche, Sabatier.
Fers et fontes. Souque.

Grains et farines. Rivière, Viallet.

Hôtels. Brun - Bonafoux (*Grand-Jardin*), Gerbaud (*Ch.-Blanc*), Pasdeloup (*Europe*), Villemejane (*Luxembourg*), Viand (*Lavignasse*).

Huiles. Achardy, Anthoine aîné, Anthoine-Triat, Bessat, Dechatebier, Eybert, Eyssette, Fayn, Pagès, Reynier.

Imprimeur. Raymond.

March.-Tailleurs. Lempercur, Carrière, Raoux-Darmin, Thomas.

Menuisiers. Blanchet, Cartalier oncle, Cartalier, Chapeaublanc.

Merciers-quincailliers. Beaume, Biolet, Blanchet, Contestin (d^lle) Gayte, Quéras-Souque.

Modiste. Mme Daniel.

Orfèvres. Beaume, Chambon, Faucon, Raymond, Santet.

Pâtes alimentaires. Beaume, Patron.

Pharmaciens. Beaume, Blaud Auguste, Blaud César, Deméry, Dorguin, Valadier.

Poterie de terre. Contestin, Gargas, Monnier, Revis, Triat, Viallat.

Sel. Ancet.

Serruriers. Alméras, Beaume, Massis.

Taillandiers. Merle, Perre.

Tanneurs. Bernavon, Dassac.

Teinturiers. Bonamy, Corrias, Ribière.

Vins et spiritueux. Albert, Amblard, Anthoine, Breiss, Dejardin, Salles, Jobart, Guiraud, Henry, Marin, Marin fils, Maurin, Tourneyssen, Triol, Vincent-Giraud.

Beauvoisin.

Courtiers. Amphoux, Giraud.

Crème de tartre. Mabely.

Distillateurs. Amphoux, Courtin.

Bellegarde.

Briques et tuiles. Gargas, Marc, Vernet.

Cafetiers. Barrière, Baldu.

Commissionnaire. Goudet.

Draperie et tissus. Jacquet, Maurin.

Pharmacien. Astier.

Vins et spiritueux. Autard, Bonnet.

Bernis.

Cafetier. Serre.

Chapelier. Brunel.

Draperie et tissus. Fournier.

Pharmacien. Bone.

Vins et spiritueux. Bonnaud, Gallaud, Marignon, Méric, Roger, Vigne.

Bouillargues.

Bourreliers. Avignon Jacques, Avignon Louis, Veyssette.
Briques et tuiles. Allex Gilles, Allex Philippe, Allex Jean, Allex Etienne, Grandjean, Vier.
Grains et farines. Coste.
Menuisiers. Berdotté, Ribière.
Merciers-quincailliers Coste.
Serrurier. Vier.
Taillandier. Ribière.
Vins et spiritueux. Briac, Castan, Mourier.

Cailar.

Bois. Florentin.
Chapelier. Brun.
Draperie et tissus. Peyronnet.
Vins et spiritueux. Mazoyer.

Calvisson.

Bois. Gilly.
Bourrelier. Puech.
Chapelier. Audry.
Charpentier. Bresson.
Chaudronnier. Joyeux.
Confiseur-pâtissier. Melon.
Draperie et tissus. Bros Emmanuel, Bros André, Granier, Lhouslau, Olivier, Picard.
Grains et farines. Michel.
Huiles. Massip, Maurin.
Menuisiers. Delon, Dombry, Ducros, Roux.

Merciers-quincailliers. Deimon, Marguerit, Maurin, Michel, Pignan.
Pharmaciens. Reboul.
Serruriers. Clavier, Crouzet, Doumergue, Genieys, Jourdan.
Taillandiers. Rouvière.
Vins et spiritueux. Beaumont, Deimon, Gaussen Jean, Gaussen Antoine, Gilly Gustave, Gilly-Delpuech, Hébrard Théodore, Hébrard André, Jullian, Margarot.

Gallargues.

Bourreliers. Gourgas, Paulet.
Briques et tuiles. Salles.
Cafetiers. Brun, Féfan.
Chapeliers. Daudet, Sipeyre.
Chaudronniers. Servière.
Draperie et tissus. Angevin, Reusser.
Grains et farines. Cabanis, Cournier, Figaret.
Huiles. Defferre.
Menuisiers. Cabanis, Cartier, Pellet, Rebuffat, Redourtier.
Merciers quincailliers. Angevin, Espion, Louche, Nouguier Pierre, Nouguier Isaac, Vézian.
Pharmacien. Thomas.
Serruriers. Bourbon Louis, Bourbon Emile, Nougarède.
Taillandiers. Bérard, Delord Gé-

sar, Delord Jean, Vaccassy.
Teinturier. Daumas.
Tonneliers. Brun Charles, Brun Pierre, Coste, Espion, Grégoire, Louche, Nouis.
Vins et spiritueux. Devèze, Espion, Floutier, Gourgas, Grivoulet, Vézian.

Générac.

Bourrel. Avignon, Dijol, Vidal.
Briques et tuiles. Amphoux, Aubert, Rolland, Roussel, Sabatier.
Cafetiers. Aurillon, Boulet.
Chapeliers. Brès, Durand.
Drap. et tissus. Giraud, Vialat.
Menuisiers. Aurillon, Cadière, Delon, Roux.
Merciers-quincailliers. Ferrand, Fontanier.
Vins et spiritueux. Alcay, Amphoux, Aurilhon, Cartous, Chassaret, Coste César, Coste Philippe, Fournier.

Jonquières.

Agent d'affaires. Quiot.
Tonneliers. Gras, Ode.
Vins et spiritueux. Quiot.

Langlade.

Vins et spiritueux. Caucanas, Boissier, Dhombre.

Lédenon.

Vins et spiritueux. Valla et fils.

Manduel.

Vins et spiritueux. Bayolle, Boyer.

Marguerittes.

Cafetiers. Béringuier, Bygonnet, Mourier.
Huiles. Raynaud.
Tapis et filature de laine. Soulas aîné et Maury.
Tonneliers. Bouyer, Vialat.
Vins et spiritueux. Boyer-Mathieu

Milhaud.

Cafetiers. Paulhan, Roux.
Grains et farines. Cazaly, Poinsard, Soulier Ad.
Pharmacien. Marson.
Tonneliers. Breilh, Soulier.
Vins et spiritueux. Marignan, Nourry, Picheral, Vigne.

Montfrin.

Bourreliers. Huguet, Reboul.
Cafetier. Favier Auguste.
Chapelier. Goudard Jean.
Confis.-pâtiss. Boissière, Saissaud
Draps et tissus. Achard, Bassot, Durand A., Fardot, Léger, Pontanel.
Grains et farines. Naval.

Menuisiers. Coulomb Is., Coulomb L., Durand L., Fébrier, Gleize, Niquet, Pascal.
Merc.-quinc. Bonnefoy, Coulomb.
Pharmaciens. Anthelme, Bressac.
Serruriers. Coulomb, Peyrit.
Tonnelier. Balmoussière.

Redessan.

Bas et bonnets (fabr.) Pinaud.
Cafetier. Camarade.
Draps et tissus. Ailhaud.
Grains et farines. Patte.
Vins et spiritueux. Guinard, Paut, Vidal.

Saint-Gilles.

Bois. Michel.
Bourrelier. Bon.
Cafetiers. Garron, Dijol, Ortolas, Sigaud.
Chapeliers. Boucaud, Granaud.
Commissionn. et agents d'affaires. Aptel, Brun, Deffaud, Fabrègue, Galoffre, Ramade.
Couteliers. Fournés, Germain.
Draperie, nouveautés et tissus. Blanc, Brun, Castagnier, Chansroux, Marie, Maux, Salles, Sigaud, Vergnes.
Grains et farines. Brujas, Faucher, Gayanon, Tourrel, Thezet.
Horlogers. Brun, Géry.

Merciers-quincailliers. Berthaud, Boucher, Carbonnel, Héraud, Nicolas, Nier.
Pharmaciens. Chanard, Meyrieu, Michel.
Serruriers. Castamagne, Guigne.
Taillandier. Francillon.
Vins et spiritueux. Brun, Drivon, Galoffre, Gauthier, Gilly, Hitier, Marignan, Monnier, de Plauchut.

Sommières.

Armuriers. Coulange, Fize.
Bois. Blanc, Manse François, Manse Auguste.
Bourreliers. Boyer, Tinel, Tourcel.
Cafetiers. Fabre, Lafont, Lombard, Miquel, Roumieux.
Chapeliers. Fize Louis, Fize Pierre, Gibert, Gilles, Planque.
Chaudières (fabr.) Gascuel, Paul.
Chaufournier. Runel.
Confiseurs-pâtiss. Baccot, Clair, Garimond, Stoupan, Verdier.
Cordonniers et march. de chauss. Amarine, Flamand, Roux.
Couteliers. Bonnafont, Bouscarin.
Cuirs. Encontre-Gauthier.
Draper. et tissus. Abric, Béchard, Dalverny, Jouanin, Lacombe et Rouquet, Rayan, Renouard, Runel, Vincent-Sully.

Droguiste. Abric.

Essences. (*Fabr.*) Flamand.

Ferblant. Chotel, Mallet, Pioch.

Fers et fontes. Castan Eugène, Castan-Thimoléon, Commert, Pascal, Trabuc.

Grains et farines. Boisset, Ginoulhac, Martin Hippolyte, Martin Jacques, Maurin, Roumieux, Rouvière.

Horloger. Remezy.

Menuisiers. Blondin, Blondin fils aîné, Durbin.

Merciers-quincailliers. Arnal, Caumel, Clair, Four, Gaussorgues (veuve), Lacan, Lafont.

Modistes. Boucarut, Fabre.

Orfèvres. Gallier, Nicolas, Penchinat, Rayan, Vedel.

Pharmaciens. Boisson, Bonnaure, Fenouillet, Redier.

Serruriers. Aumeras, Baudouin, Gilles, Roque.

Taillandier. Rolland.

Tanneurs. Encontre, Ginoulhac, Grimaud, Jouanin, Moulin, Planque, Poussigue, Remezy, Rouy, Solager, Savy, Soulier, Veyrieux.

Vins et spiritueux. Blanc, Condouanan, Dumas, Figuier, Puech, Quissac.

Uchaud.

Tonneliers. Bastide, Marie Em., Picard.

Vins et spiritueux: Brun, Ressaire et Cᵉ.

Vallabrègues.

Bourrelier. Durand Pierre.

Cafetiers. Boyer J., Marin.

Draps et tissus. Lacroix Pierre.

Menuisiers. Bouche G., Bource, Lacroix Jean.

Tonnelier. Bouche Erasme.

Vauvert.

Bois. Falgairolle.

Cafetiers. Acédo, Boissier, Vialla, Guilhaume, Marc, Tempier.

Chapeliers. Lafont C., Lafont A., Nissard.

Chaudières (*fab.*) Massabiau.

Commiss. entrep. Guigou Jean.

Coutelier. Felgerolle Joseph.

Draps et tissus. Brouchet, Gamalié, Maraval, Roux.

Fers et fontes. Giral Louis.

Grains et farines. Bord, Jamard.

Huiles. Goguilhat. Villard.

Merc.-quinc. Brunel Jean.

Pharmaciens. Goguillat, Reynaud.

Produits chim. (*fab.*) Arnoux-Joubert, Brunel Et., Rouvière.

Serruriers. Bergeret, Perrier.

Taillandiers. Bourelly, Boyer, Chabert, Massip, Souchet.
Teinturier. Julian Et.
Tonnelier. Méjanelle César.

Vins et spirit. Challier, Dabos L., Dabos H., Morin, Méjanelle J., Plane, Teissier, Villard.

ARRONDISSEMENT D'ALAIS.

Alais.

Appareils distill. Chassan, Spina.
Armuriers. Boissier, Reboul.
Bandagiste. Bernard.
Bois. Cabane, Laporte.
Banque gén. d'échanges, succ. de celle de Marseille et de Nimes. Savournin et Cᵉ.
Banquiers. Bonnal - Rocheblave, Chamborcdon, Silhol, Tastevin, Teissonnière.
Brasseurs. Barette, Challe, Morel, Ochsenheim, Roussière.
Briques et tuiles. André, Boulet et Cᵉ, Carville, Mille, Roux Pierre, Roux Barthélemy.
Cafetiers. Amalric, Bastide, Bournat, Brun, Brunel, Challe, Donna, Guy, Morel, Talon.
Chapeliers. Arnaud, Coulet, Nègre André, Nègre Pierre, Olive, Peyrache, Teissonnière, Vialla.
Charpentiers. Banquet, Porche.
Chaudronniers. Brussol, Chassan, Goirand, Veillon.
Chaufourniers. Bellin, Bonnet, Evesque.

Chocolatier. Caumel.
Commissionn. et ag. d'aff. Bauzon, Caucanas, Chabran, Crouzat.
Confiseurs-pâtissiers. Barafort, Boisset, Borelly, Jourdan, Saboury, Soulier, Say.
Couteliers. Atger, Feminier, Richard.
Cuirs. Bonnal, Freissinet, Nadal, Villesèche.
Draps, tissus et toiles. Agniel, Audrieu, Antoine Jean, Antoine Adrieu, Char, Cabane, Crémieux, Delzangle, Fesquet, Paulin, Pelet, Roux et Cᵉ, Roumestang.
Droguistes. Beau, Caumel, Chabus, Dumazer, Polge, Rieu.
Epiciers. Dumazer, Lauthaud, Murjas, Rieu, Thérond.
Ferblantiers. Borelly, Blanc, Delmas, Gazagnon, Nègre, Rédarès.
Fers et fontes. Beau, Bonifas, Durand, Farayels.
Fil. de cocons. Arbousset, Atger,

Barbusse, Barrois, Bonnet, Francezon, Fraissinet, Granier, Lacombe, Olivier, Rouquette.

Fondeurs. Rousseau et Ce.

Grains et farines. Archinat, Barbusse et fils, Clauzel, Daniel, Faucher, Fazy, Foucard, Martel, Martin, Valcroze.

Habill. confectionnés. Auguste.

Horlogers. Bauzit, Gabriac, Gilles, Lascano, Poncet, Ruiz aîné et Ruiz cadet, Spalinger, Veyrun.

Horticulteurs. Mathieu, Nougaret, Tabus.

Hôtels-restaurants. Aragon, Guiraud, Jalaguier, Perrier, Rouget, Silvain, Simil Frédéric, Simil Henri, Simil Pierre.

Huiles. André, Thérond.

Imprimeur lithographe. Chazalet.

Imprimeurs typographes. Brusset, Martin, Veyrun.

Libraire-relieur. Marignon.

Marbriers. Arneville, Belloc.

Mécaniciens. Bouchot, Guérin, Maron, Rouché, Veillon.

Merciers-quincailliers. Aurivel, Ayral, Blanc, Brès, Champeyroche, Gischier, Lacombe, Martel, Murjas, Nègre, Nurjas, Rouverand, Rocher, Ribot, Roure.

Modistes. Mmes Bernard, Boissier,

Chaumat, Gardier, Marcillac sœurs, Pascal, Rouveyrand, Saussine (veuve).

Mouliniers en soie. Auquier, Bertrand, Berthezène, Chambon, Chamboredon, Lefèvre, Francezon, Fraissinet, Labeille, Tastevin, Trial.

Nouveautés. Bernard, Bourly, Dizier, Tastevin, Trescol.

Orfèvres. Bénard, Bonamy, Braie, Mme Romieux.

Papetiers. Boulet, Remezy, Vergnes.

Pharmaciens. Bourgogne, Elzière, Fouret, Gailhac, Rivière, Serres.

Pompes hydrauliques. Guérin.

Sel. Daniel.

Sellier-carrossier. Leroy.

Serruriers. Bordarier, Chevet, Guerbaud, Maron, Rouché, Roussel.

Soies. (*March.*) Bonnal, Bonnal et Ce, Bonnet, Blanchet, Chambon (veuve), Chambon, Chalon, Fabre, Gally (veuve), Lefèvre et Ce, Laupies, Noguier et Rocheblave, Rocheblave et Silhol, Roux et Bertrand, Silhol, Trial.

Taillandiers. Chorlier, Paul.

Tailleurs. (*March.*) André, Audrin, Arriffon, Barafort, Baunis, Bernard, Deleuze, Gros, Gaillardon, Lambert.

Tanneurs. Arnaud, Bonnal et Fraissinet, Moïse, Roux.

Teinturiers. Faye, Meynadier.

Verriers. (*Fabr.*) Cazet, Derozier et Cᵉ.

Vins et spiritueux. Boyer, Dumas, Evesque, Lafont, Molière fils et Coudougnan, Picard.

Anduze.

Banquiers. Cauconnas et Soulier, Fontenais et Cᵉ, Teissier et Cᵉ.

Bois. Messias, Remy.

Bonneterie. (*Fabr.*) Bastide, Cavalier, Quiminal, Roussel frères, Saltet.

Cafetiers. Cavalier, Quiminal, Saltet.

Chapeliers. Alterac, Galoffre Eugène, Galoffre Jules, Lauze, Plantier César, Plantier Casimir, Reynard, Villaret.

Chaudières. (*Fabr.*) Carles.

Chaudronniers. Crampauty, Gontard, Villaret.

Colle. (*Fabr.*) Mirial.

Commissionn. Gauthier.

Confiseurs-pâtissiers. Guibal, Laurent, Pestel, Portal.

Couteliers. Corbessas, Nogaret.

Cuirs. Beaumier, Gauthier.

Draperie et tissus. Alterac, Bour-guet, Dufois, Genolhac, Larguier aîné, Larguier Louis, Olieu, Paulin, Vigne.

Droguistes. Barafort, Cascuel, Sardinoux.

Ferblantiers. Arifond, Gouillaud.

Fers et fontes. Bonifas, Lauze.

Fil. de cocons. Atger, Bernard Alexandre, Bernard César, Cahours, Coulomb, Fesquet, Fraissinet, Genolhac, Gervais Jean, Gervais Philippe, Gibert, Mirial, Noguier, Privat, Roussel, Roux.

Horlogers. Gladel, Groclande.

Libraire et relieur. Moline.

Merc.-quincailliers. Atger, Dumas, Fesquet, Martin.

Miroitier. Martin.

Modistes. Chalier, Laune, Lauze, Pètre.

Orfèvre. Gaussaint.

Pharm. Blanc, Commert, Vidal.

Plâtre. (*Fabr.*) Chabrand et Cᵉ.

Poterie de terre. Boisset, Costaret, Gauthier.

Selliers-carross. Atger, Vernet.

Tailleur. Guy-Volpelière.

Teinturiers. Cavalier, Soulier.

Vins et spiritueux. Galtier.

Barjac.

Briques et tuiles. Pellier.

Cafetier. Douliot.

Chapeliers. Higon Auguste, Higon Jean.
Chaufourniers. Coste, Fabre.
Draperie et tissus. Divol, Guez.
Fil. de cocons. Fornier de Mérard, Griolet, Galinard.
Serrurier. Bouchet.

Bességes (Robiac).

Hauts-fourneaux et forges. Wilmar et Cᵉ.
Houille. (*Expl.*) Devau de Robiac et Cᵉ.

Boucoiran.

Papeterie. Bourret et Cᵉ.

Chantely.

Briques réfractaires en grand. Carville et Cᵉ.

Genolhac.

Briques et tuiles. Roux.
Chapelier. Gervais.
Coutelier et taillandier. Ploton.
Produits chimiques. Hermet.

La Grand'Combe.

Cafetiers. Valette, Vigouroux.
Chaufourniers. Chapon.
Draperie et tissus. Béchard.
Pharmacien. Bonnaure.
Verriers. (*Fabr.*) Frantz et Cᵉ.
Vins et spiritueux. Jalaguier, Planchon.

Larnac.

Verres et bouteilles. Delaroque.

Lédignan. — *Tanneries.*
Malet. — *Papeteries.*

Robiac.

Houille et hauts-fourn. (*Expl.*) Chastanier de Boisset, Gibert de Robiac, Silhol, Grangier.
Houille de Lalle. (*Expl.*) Chabert, Crézut, Dalverny.

Saint-Ambroix.

Briques et tuiles. Fayet.
Cafetiers. Boudon, Banache.
Chapelier. Clauzel.
Chaudronniers. Gascuel, Joujou, Théron.
Chaufourniers. Gisquet, Paulhan.
Confiseurs-pât. Beaume, Trélis.
Cuirs. Chante, Silhol.
Draperie, nouv. et tissus. Barry, Bonnoure, Candie, Deleuze, Lacroix, Mayenoble, Silhol.
Epiciers. Gauthier, Larguier, Teissier.
Ferblantiers. Chambon, Jullien, Pernet.
Fil. de cocons. Blanchet, Chaber, Deleuze Alphonse, Deleuze Marc, Gueidan, Guiraud Ant., Guiraud Louis, Manifacier, Platon, Romieu, Silhol.
Grains et farines. Lacroix.
Horlogers. Belger.
Hôtels-restaurants. Blerson, Chastan, Guiraud.

Merciers-quinc. Chevalier, Volle.
Modistes. Mmes Baron, Pavoisier sœurs, Suel.
Orfèvre. Roustan.
Pharmaciens. Bauquier, Pontet.
Taillandier. Michel.
Tailleur. Delbas.
Tanneur. Dubois.

Saint-Jean-du-Gard.

Bonneterie en soie. Benoît.
Briques et tuiles. Dupas, Favier Jean, Favier Pierre.
Cafetiers. Bastide, Mourgues.
Chapeliers. Corbessas, Coustier, Gascuel,
Commissionnaire. Boudon.
Confiseurs - pâtissiers. Gascuel, Pellet.
Draps et tissus. Brunel, Faisse, Salles.
Ferblantiers. Fayet, Vincent.
Fers et fontes. Brajoux, Faisse, Thérond.
Fil. de cocons. Bazalge, Benoît, Blanc, Bernard, Bonnal Justin, Bonnal Scipion, Bordarier, Boudon, Bourguet, Carle, Dumas de Luc, Finiels, Gras, Lafont, Larivière, Moline, Nogaret, Pagès, Pellet Pierre, Pellet Antoine, Puech, Soubeyran.
Grains et farines. Almeras, Blancard, Fabre Fr., Fabre Jean.

Horloger. Garnier.
Hôtels-restaurants. Bonnal, Dumas.
Merciers-quincailliers. Blancard, Bordarier, Gras, Lauret, Loubalère.
Pharmaciens. Metge, Mingaud.
Roulage. (Entrepr.) Theule.
Tanneurs. Blanc, Dupas.
Teinturiers. Daufès.

St-Jean-de-Valérisele.

Filateurs. Duclos, Reidon.

St-Martin-de-Valgalgues.

Usine à ouvrer la soie. Silhol.

St-Paul-Lacoste.

Fonderie et martinet à cuivre. Rousseau et Ce.

Sénéchas et Portes.

Houille. (Expl.) Bondurand, Dautun, Soustelle, Dumas et Bouziges-Desblachères, Robert.

Servas.

Bitume. (Expl.) Lachadenède (v^e) et Serre-Guiraudet.

Tamaris.

Fer laminé et gr. mécan. Drouillard, Benoist et Ce.

Vezenobres.

Fil. de cocons. Ribot.

ARRONDISSEMENT D'UZÈS.

Uzès.

Armuriers. Moulin, Soulier.

Banquiers. Lafont, Serre.

Bois. Crouzet, Guigne, Muret et Guigne.

Bonneterie, bas et bourre de soie. Billon, Lafont, Liron, Philip, Bade-Barry, Saussine.

Cafetiers. Boucarut, Guiraud, Meffre, Pélissier, Pintard, Robert, Rolland.

Chapeliers. Roussy, Carle, Galdin, Missaret, Plausier, Portal, Vaseille.

Chaudronnier. Rengade.

Confis. pâtiss. Borély, Fabre, Fabregat, Guiraud, Guzzi Jean, Guzzi Paul, Labric, Lapierre.

Draperie, nouveautés et tissus. Assaut, Carle, Cornut, Coste, Dussel, Delrieu, Ducamp, Julien, Lacroix, Richard, Vermeil.

Epiciers. Bernard, Blanc, Crouzet, Maurin, Sagnier.

Faïence. Pichon, Vernet, Vernet J.

Ferblantiers. Brun, Carle, Pascaly, Rigaud, Terrier, Valladier, Vignaud.

Fil. de cocons. Fabre, Faucard, Gibert, Mathieu Jacques, Mathieu Auguste, Pellier (veuve), Silhol, Théraulet, Teissier.

Grains et farines. Ambroise, Chalier, Faucher, Gard, Gresfulhe, Ode, Pujolas, Roux, Souchon, Tronchard.

Horlogers. Descudet, Guilhem, Gyseling.

Hôtels-rest. Béchard, Blanc, Boyer.

Imprimeur typographe. George.

Laines et peaux. Abeille.

Lingères. Guzzi, Pichegrut, Prade, Salle.

Liquoristes. Couget, Cruzel, Daire François, Daire Casimir, Larguier.

Mécaniciens. Chalier, Georges.

Merciers-quincailliers. Alais, Faucard, Peladan, Planche.

Modistes. Bouchet, Espérandieu, Martin, Ferrand sœurs, Pagès.

Mouliniers en soie. Boudet, Bouzige, Vincent.

Orfèvres. Faudin, Picard, Rousset, Saucon.

Pharmaciens. Escoffier, Fouret, Gandin, Riffard, Ventre.

Rouennerie et indiennes. Maurin.

Serruriers. Chalier, Ribaud, Vignaud.

Tailleurs. Carle, Clément, David, Descudet, Ferrand, Laroutis, Pascal, Persin, Rode, Routis, Vivier.

Tanneur. Lafont.
Teinturier. Pigeron.

Bagnols.

Armurier. Giraud.
Banquier. Charmasson.
Bois. Baume frères.
Briques et tuiles. Riffard.
Cafetiers. Charrier, Machard, Martin, Rey, Tourgon.
Chapeliers. Abouzit, Broche Dominique, Broche Félix, Broche Jh, Chauvet fr., Prophette.
Charcutiers. Badive cadet.
Chaudronniers. Perrelle, Thome aîné, Thome cadet.
Chaufourniers. Augier, Sabatier.
Chevaux. (*March.*) Bastide, Faye, Ferradou.
Ciment romain. (*Entrep.*) Truphémus, plâtrier.
Confiseurs-pâtissiers. Allègre Cyprien, Allègre Hippolyte, Arnaud, Castan, Combin, Marcon.
Cordier. Blachère.
Cordonn. et march. de chaussures. Bastide, Coulomb, Laguilhat, Teissier, Vincent.
Cuirs. Raoux.
Draps, nouv. et tissus. Bladier, Boyer (veuve), Charavin, Fougasse, Ligonès, Méric, Méric-Broche.

Droguiste. Justet.
Ebénistes. Baume frères, Paillon.
Epiciers. Badive, Malignon, Paillon, Chambon.
Ferblantiers. Augier, Terret.
Fers et fontes Vérune.
Fil. de cocons. Bagnols, Charmasson, Derboux, Dumazer, Eymard fils aîné, Eymard (ve), Malmazet, Merle Elisabeth, Merle Jean-Baptiste, Puget, Roulet, Vernet.
Forgeron en voitures. Coste cadet.
Grains et farines. Derboux.
Horloger. Martin.
Hôtels-restaurants. Couderc, Dugas, Flandin, Rey.
Imprimeur-libraire. Broche.
Jard. fleur. et pép. Cavène père et fils, Charrier père et fils, Delaville cadet, Rey.
Martinet. Coste et Sabatier.
Merc. quincailliers. Blein, Broche père, Bruguier, Faze, Paillon, Trial.
Miroitiers. Allègre, Blachère.
Modistes. Mmes Banache, Chalaye, Imbert, Mazet, Prophette, Surel.
Moulin. en soie. Boiron, Vinson.
Orfèvres. Chalamel, Sartre.
Papiers peints. Allègre, Broche.
Peintres décorateurs. Allègre, Blachère, Broche.

Pharmaciens. Féau, Fougasse, Lignon, Vouland.
Serruriers. Delaville, Giraud fr.
Soies. (*March.*) Nadal, Vernet.
Taillandiers. Soulier B.
Tailleurs, hab. conf. Alphan, Chabal, Dumas, Etienne, Flandin, Malignon, Moreau, Sabatier, Roustan.
Tanneurs. Chay, Lassagne.
Teinturiers. Allègre, Mayet.
Vins. Agniel.

Connaux.

Cafetier. Martinet.
Confiseur-pâtissier. Latour.
Fil. de cocons. Chaine.
Hôtel-restaurant. Maudin.

Laudun.

Cafetier. Prévot.
Commissionnaire. Valette.
Draperie et tissus. Tacussel.
Droguiste. Ribière.
Hôtel-restaurant. Pellet.
Taillandier. Borelly.

Lussan.

Cafetier. Lagelle.
Chapelier. Barles.
Fil. de cocons. Gaujoux, Roux.
Laines et peaux. Chazel.
Serrurier. Crégut.

Pont-Saint-Esprit.

Banquiers. Mégier père et fils, Sisteron.

Bois. Danjon, Maraudon, Millet.
Briques et tuiles. Plat.
Cafetiers. Blanc, Chabaud, Dideron, Payoux, Taillant, Villevieille, Vivier.
Chapeliers. Bonnaure, Giraud, Reynaud, Vauclare.
Chandelles (fabr.) Brache, Piallat.
Chaudronniers. Bérard, Bladier.
Chaufournier. Avias
Commiss. entrep. Lemoine.
Confiseurs-pâtissiers. Boissin, Brache, Fabrigoule, Pellegrin, Vernet.
Cordonniers et march. de chauss. Benoît, Gareiso, Giraud.
Coutelier. Ribet.
Cuirs. Barry.
Draps, nouv. et tissus. Allard, Avy, Blanc Amédée, Blanc Laurent, Bouchard, Poulain, Romanet.
Droguiste. Vermot.
Epiciers. Allard, Bagnols, Bonnaud, Charion, Julien (*gros*), Piallat, Picard, Robert, Salve.
Ferblantiers. Domergue, Flandin, Granier, Tache.
Fil. de cocons. Auzepy, Bonnefoi, Sibour.
Gr. et farines. Auzepy L., Auzepy P., Bagnols, Bruguier, Cocu, Deleuze, Ducolombier (v^e), Hébrard, Picard, Randurel.

Horlogers. Barry, Gareiso, Granier, Laussel.
Hôtel-restaurant. Béchard.
Imprimeur typographe. Sipayre.
Merciers - quincailliers. Blein, Chambon, Granier, Eybert, Oddon, Gareiso, Julien, Souchard, Vernet.
Modistes. Mmes Allemand, Bonnaure, Ginet, Jaquin.
Moulinier en soie. Couston.
Orfèvres. Chaillan Dauvergne.
Pharmaciens. Faure, Mure, Penchenier, Roger.
Roulage. (Entrepr.) Bisombe.
Serruriers. Chadeisson, Dulaurier, Jandon, Millet, Raoux.
Soie (Marc.) Andruezol, Deleuze.
Taillandiers. Bariol, Chaussy, Gourrier.
Tailleurs. Barry *(habill. confect.)*, Crémieux.
Teinturiers. Alauzun, Lahondès.
Vins. Deleuze.

Remoulins.

Cafetiers. Gallet, Vendiol.
Chapelier. Brun.
Confiseurs. Merle, Terme.
Hôtels-rest. Fabre (v^e), Gazagne.
Ferblantier. Fabre.
Pharmacien. Pouten.
Taillandier. Mazel.
Tailleurs. Mathieu, Ode.

Roquemaure.

Bois. Clérissac.
Cafetiers. Béraud, Besson, Roux.
Chapeliers. Bléirat, Faujon, Lambertin.
Charpentier. Bourret.
Chaufournier. Machard.
Commissionn. Amblard, Bouty, Cappeau, Chambon, Clerc, Marin, Odoyer, Peyron, Valette, Roux.
Confiseurs-pâtissiers. Cappeau, Chirot, David, Demarès, Pélissier.
Draperie et tissus. Granet.
Ferblantiers. Chassan, Roux.
Fil. de cocons. Bon de Chabran, Farjon.
Hôtels-restaur. Dubourg, Leclerc.
Merciers-quincailliers. Baculard, Villette.
Pharm. Charrière, Granat, Roux.
Roulage. (Entrepr.) Edouard.
Taillandier. Cambe.
Tailleur. Cappeau.
Tonnnel. Bas, Machard, Servet.

St-Geniez-de-Comolas.

Vins et huiles. Guillard fils aîné.

St-Geniez-de-Malgoirès.

Cafetier. Andral.
Chapelier. Alliger.
Confiseur-pâtissier. Guiraud.
Coutelier. Trossevin.

Ferblantier. Humbert.
Pharmacien. Aubanel.
Serrurier. Auzeby.
Vins et spiritueux. Ducros.

St-Laurent-des-Arbres.

Pépiniériste. Deleuze.

Saint-Quentin.

Briques et tuiles. Benezet Joseph, Benezet Louis.
Cafetier. Carrière.
Huiles. Mathieu.
Poterie de terre, Bastide, Benezet Charles, Benezet François, Benezet Jean, Chalvidal, Clerc.

St-Victor-La Coste.

Poterie réfract. Monnier, Reynaud, Pelaquier.

Valbonne. — *Verrerie.* Aubert.

Villeneuve.

Briques et tuiles. Bresson, Dapret Jean, Dapret Joseph.
Cafetiers. Beraud, Borel, Cambe.
Colle. (*Fabr.*) Plantier.
Fil. de cocons. Anestay, Balnier, Gillet, Seguin, Vernet.
Mercier-quincaillier. Vissac.
Pharmacien. Mercurin.
Soies. Garnier, Mercurin, Monnier.
Taillandier. Anestay.

ARRONDISSEMENT DU VIGAN.

Vigan.

Banquier. Laporte.
Bas et bonneterie. (*Fabr.*) Annat et Cᵉ, Audibert (*bourre de soie*), Balibouse, Bertrand, Bouniols David, Bouniols, Carles, Marat, Lepelletier, Cazes et Teissier, Flory (*bourre de soie*), Germain Pierre, Germain Léon, Greffulhe, Mahistre, Tessan (*bourre de soie*), Troupel, id.
Blanchisseur de coton. Greffulhe.
Bois. Salles.
Brasserie. Ménard.
Cafetiers. Berthezène, Devicque.

Chapeliers. Petit-Junior, Saltet.
Chaudronniers. Favier, Roussy, Verdier.
Coton filé. Salles.
Cuirs. Fournier, Raisin.
Draps, nouveaut. et tissus. Amat, Chapot, Combernoux, Falguières, Guibal, Julian, Lacarrière, Parlongue, Unal, Virenque.
Droguiste. Commeiras.
Ferblant. Bénc, Doulcier, Frontin, Journet.
Fers et fontes. Bontems.
Fil. de cocons. Amaty, Argellier,

Baumier et Broulhet, Journet, Laporte, Lapeyrouse, Mahistre, Paumaret, Ricard.

Grains et farines. Commeiras, Mazel, Rocheblave, Thomas.

Horloger. Chabana.

Hôtels-restaurants. Parguel, Rocheblave.

Laines. Brouilhet.

Mégissiers. Baumier, Bonnefoi, Brouilhet.

Merciers-quinc. Bresson, Capion, Laporte, Peladan, Tardieu.

Modiste. Villeneuve (d^lle).

Orfèvres. Causse, Dumas.

Pâtissiers-confiseurs. Arnassan, Journet, Laval.

Pierres lithographiques. Guy.

Pharmaciens. Ferrier, Julien, Virenque.

Soies. (*Marchands.*) Baumier et Brouilhet.

Tailleur. Compan.

Vins. Coste.

Aumessas.

Fil. de cocons. Flory et Chabal.

Avèze.

Bas de soie et fil. de cocons. Cabanis, Coste, Farran, Janel, Nègre, Pelon, Tarrou.

La Rouvière.

Filat. Ducros, Laporte, Méjean.

La Salle.

Filateur. Gibelin.

Montdardier.

Pierres lithographiques. Abric; Donnadieu.

N.-D. de La Rouvière.

Filatures. Ducros frères, Méjean.

Pallières.

Couperose. (*Expl.*) Mirial.

Pompignan.

Laines. Domergue.

Quissac.

Bas et bonnets. (*Fabr.*) Ruel.

Bois. Giroudon, Marion.

Cafetiers. Garnier, Pouzol.

Chaufournier. Ducros.

Draps et tissus. Gouvenne.

Hôtels-restaur. Franc, Garnier.

Mercier-quincaillier. Cabanel.

Pharmac. Jallaguier, Villeneuve.

Tanneurs. Lamouroux, Perrier, Scyte.

Vins et spiritueux. Cabane.

St-André-Majencoules.

Filat. Duran, Méjean, Sarran.

St-André-de-Valborgne.

Cafetier. Mourgue.

Chapelier. Gautier.

Draps et tissus. Roux.

Fil. de cocons. Boudon, Cabrit, Carrière, Lautal.

Tailleur. Brousson.

Saint-Hippolyte.

Bas et bonnets. (*Fabr.*) Boissier, Bresson, Casse, Clauzel, Dadre, Frégier, Gay, Ginolhac, Pellet, Planchon.

Brasseur. Plagnol.

Briques et tuiles. Cazal.

Cafetiers. Arnaud, Durand.

Chapelier. Petit.

Chaufournier. Vigne.

Colle-forte. (*Fabric.*) Clauzel, Planchon.

Confis-pâtiss. Baume, Sprécher.

Coutelier. Trabuc.

Ferblantier. Brugueirolle.

Fil. de cocons. Mazaurin, Mourgues, Planchon, Puech.

Gants. (*Fabr.*) Deleuze.

Hôtel-restaurant. Campredon.

Mécanicien. Michel.

Mercier-quincaillier. Gachon.

Mouliniers en soie. Roussy et Ce, Valmadier.

Nouv. et tissus. Ricard, Valette.

Pharmaciens. Blanquier, Théron.

Tailleur. Blanc.

Tanneurs. Bourguet David, Bourguet Pierre, Calmette, Carrière, Ducaylier, Guérin, Jeanjean, Latour.

Teinturier. Trial.

St-Laurent-le-Minier.

Papeterie. Gout.

Sauve.

Banquiers. Clauzel, Verdier.

Bas de soie. (*Fabr.*) Annat, Bossens, Dumas.

Briques et tuiles. Bouvier.

Cafetier. Alibert.

Draps et tissus. Aldebert.

Ferblantier. Albaret.

Hôtel-restaurant. Jeanjean.

Mercier-quincaillier. Dufour.

Pharmacien. Vaille.

Teinturier. Bruguier.

Sumène.

Bas, bonnets et gants soie et coton. Cambon, Dussol.

Draps et tissus. Almeras.

Filateurs. Beaumès, Boissières, Journet, Mauriès, Mollis (ve), Ratié, Tarteron, Audibert.

Valleraugue.

Bois. Salles.

Cafetier. Perrier.

Chapelier. Bertrand.

Chaufourniers. Finiels, Teulon.

Draps et tissus. Ribard.

Fil. de cocons. Angliviel, Avesque, Chabal Alexandre, Chabal Ulysse, Dumont, Journet, de Lapierre, Nadal, Perrier, Salles, Severac, Teulon, Vincent.

Mouliniers en soie. Teissier.

Taillandier. Clauzel.

Tailleur. Cambassedes.

OMISSIONS, RECTIFICATIONS & ADDITIONS

POUR LA VILLE DE NIMES.

Absinthe. (Fabr.)
Parrot, ch. de la Tour-l'Evêque.

Articles de Baujolais et cotonnes de Roanne en gros.
Henri Fulcrand, rue Régale.

Aubergistes.
Granier, place de la Couronne.
Paut, ch. de la Tour-l'Evêque.

Bijoutier-orfèvre.
Volpelière, rue de l'Aspic.
Blanc. Gardes-Thomas, Gr.-Rue.
Brod. et ling., layettes. Mme Minguier, r. Fourbiss., 11, au 1er.

Cafetiers.
Belin, place Bouquerie.
Jalabert, *café du Commerce*, boul. de la Madeleine.
Philip, rue Pont-de-la-Servie.
Thomas, place du Château.
Tichet, boulev. des Calquières.
Cartonnier. Vigne, b. Gr.-Cours.
Cordonnier. Rotzler, rue Fresque.

Docteurs en médecine.
Roux, rue Séguier.
Langlade, rue Dorée.
De Castelnau père, r. Prêcheurs.
De Castelnau fils, id.
Raizon fils, rue de l'Horloge.
Pleindoux A., rue des Prêcheurs.

Pleindoux E., rue du Refuge.
Ebrard, rue du Chapitre.
Tribes, rue des Lombards.
Mutru, place du Château.
Jean, rue Fruiterie.
Bonnissel, ruelle de la Calade.
Réveilhe, Grand'Rue.
Fontaines, quai de la Fontaine.
Bousquet, rue Montjardin.
Blanc, boul. St-Antoine.
Correnson, rue des Prêcheurs.
Brouzet, b. de la Comédie.
Recolin, rue St-Baudile.
Ruat, place St-Antoine.
Granier, rue Neuve-St-Paul.

Draperie en gros.
Amalry-Devillas et Foulc, rue de la Violette.
Draperie et nouv. en gros. Bergeret père et fils, rue Régale.
Masseran, Bosc et Placide, id.

Epiciers.
Bayard, rue Régale.
Ménard, ch. de Montpellier.
Merle, chemin d'Uzès.

Galons. (Fabr.)
Coulange (v^e), chemin d'Avignon.

Habillements confect., en gros.
Boissier père et fils, rue Régale.

Lampiste. Gourdon , Grand'Rue.

Librairies et cabinets de lecture.
Bianquis-Gignoux, b. Comédie.
Teissier, boul. de l'Esplanade.

Lingères.
Passebois-Combe, r. H.-de-Ville.
Valarnoux, rue de l'Aspic.

Matières filées. (Déposit.)
Larnac, rue Basse-du-Fort.

Mercier. Cardenoux, p. du Marché

Quincaillerie et joujoux.
Aïnard, boulevard St-Antoine.
Chaumont,   id.

Rouennerie et indiennes en gros.
Barre Gaston, rue de la Violette.
Foulc frères, rue de la Violette, et
non *rue des Quatre-Jambes.*

Tabacs (bur.) D^{lle} Coasse, r. Neuve

Restaurateur. Féline, rue Régale.

Toilerie en gros.
Falguière fils aîné, rue Régale.
Bernard, Lapierre et Maurin, id.

Tonnelier. Dallard, rue Neuve.

Vins et spiritueux. (Gros).
Baron et Gerin , rue Ste-Marie.
Denis et Sully Blanc , rue Anto-
nin, et non *rue St-Antoine.*
Gory père, place Maison-Carrée.
Gory Gaston , rue Neuve.
Guizot, rue Ste-Marie.
Planchon , rue Neuve.

Vins en détail.
Chanel, rue Flamande.
Joseph Charles, ch. d'Uzès.

*Voiture pour Anduze et St-Jean-
du-G.* Brun, au *café Ambroise.*

ADRESSES DE MM. LES AVOCATS, AVOUÉS, NOTAIRES ET HUISSIERS

DE LA VILLE DE NIMES,
classés par rang d'ancienneté.

Avocats.
Boyer Alph., rue de l'Horloge.
Masseran, rue de l'Agau.
Baragnon, rue Montjardin.
De La Tarelle, q. de la Fontaine.
Bouchet, rue Fresque.
Donzel, rue des Tondeurs.
Fargeon, rue Basse-du-Fort.
Grelleau, place Belle-Croix.

Béchard, rue des Marchands.
Valat, Grand'Rue.
Paradan, rue Pont-de-la-Servie.
Rédarès, avenue de l'Embarcadère.
Brun, rue de l'Horloge.
Démians, rue St-Castor.
Lisbonne, rue Roussy.
Portalès, rue Pont-de-la-Servie.
Redon, avenue de l'Embarcadère.

Cauzid, boul. Grand-Cours.
Balmelle, av. de l'Embarcadère.
Roussellier, rue de la Luzerne.
Nicot, chemin d'Avignon.
Laget, place Maison-Carrée.
Drouot, rue des Lombards.
Penchinat, rue de la Monnaie.
De Campredon, Cité-Foulc.
Bolze, rue Séguier.
Boyer Ferdinand, rue de l'Horloge
Martin François, rue Fresque.
Légal, place St-Antoine.
De Perrin, rue de l'Hôtel-de-Ville.
Julian, rue Ste-Eugénie.
Delmas, Grand'Rue.
Carrière, rue de la Trésorerie.
Delpuech-d'Espinassous, rue du
    Four-des-Filles.
Ramond, place du Château.
Coste, rue Dorée.
Martin Lazare, rue Ste-Eugénie.
Fornier de Clausonne, r. Chapitre
Portalier, rue des Lombards.
Roux, rue Notre-Dame.
Messié, rue de la Couronne.
Michel, rue du Fort.
Rolland, place St-Paul.
Astier, rue Régale.
Simil, rue Régale.

Avocats stagiaires.

Despiard, Enclos-Rey.
Rigoi, Grand-Cours.
Ducailar, quai de la Fontaine.

Sambucy, rue Antonin.
Bonhomme.
Trouchaud, av. de l'Embarcadère
Carrière, rue Corneille.
Bourret, boulev. Grand-Cours.
Dunal, rue des Tondeurs.
Vitalis, anc. chemin d'Avignon.
Privat, Cité-Foulc.
Chassaret, rue de Bernis.
Bosc, place St-Antoine.
Levesque, rue des Bénédictins.
Fornier de Clausonne.
Serre, quai de la Fontaine.
Roussy, Cours-Neuf.
Soullier, place Maison-Carrée.
Bon, place du Marché.
De Broche de St-André, boulev.
    de la Comédie.
Rieu de Montvaillant,   id.
De Villaret, rue de la Charité.
Gaillard, chemin d'Uzès.
Chabaud, av. de l'Embarcadère.
Privat de Fortunié,   id.
Cabot de Lafare, rue de l'Horloge.

Avoués à la Cour.

Portalier, rue des Lombards.
Boissier, rue Jeanne-d'Arc.
Duminy, boul. des Calquières.
Boyer, av. de l'Embarcadère.
Teulon, rue Auguste.
Martin, rue Dorée.
Julien, boulev. de la Comédie.
Astier, rue Régale.

Salel, rue Jeanne-d'Arc.
Béchard, place des Carmes.
Villard, rue Corneille.
Empereur, r. du Four-des-Filles.
Joseph, rue des Greffes.
Abauzit, Cité-Foule.
Sainveran, place St-Paul.

Avoués en 1re Instance.

Carrière, rue de l'Aspic.
Bossy, boul. Petit-Cours.
Planchon, rue Thoumayne.
Margan, rue Dorée.
Londès, place Maison-Carrée.
Vier, place du Château.
Pascal, rue de la Monnaie.
Louis, place du Marché.
Pouzel, boul. des Calquières.
Clauzel, place du Grand-Temple.
Aillaud, place Salamandre.
Martin, rue Ste-Eugénie.
Rouvière, rue des Arènes.
Dunal, place du Château.
Bardin, avoué honoraire.

Notaires.

Carrière, rue Régale.
Chassaret, rue de Bernis.
Bérard, place St-Antoine.
Conte, rue de la Colonne.
Bordarier, pl. Maison-Carrée.
Giraudy, boul. St-Antoine.

Dupin, rue de l'Agau.
Bonneru, rue Fresque.
Dunal, rue des Tondeurs.
Poise, Grand'Rue.

Huissiers.

Boissier, place des Arènes.
Four, à Sommières.
Daudet, rue Mûrier-d'Espagne.
Gas, rue Dorée.
Bardon, rue de l'Horloge.
Laval, rue St-Castor.
Deleuze, place du Marché.
Mazodier, rue du Chapitre.
Leclair, rue de la Monnaie.
Laval, à Aramon.
Mourgue, rue de l'Horloge.
Bourdy, place St-Paul.
Laye, rue Roussy.
Louard, à Beaucaire.
Allemand, rue des Greffes.
Foussat, rue Ste-Eugénie.
Labaume, à St-Gilles.
Pelatan, Grand'Rue.
Bouyer fils aîné, pl. M.-Carrée.
Alphandéry, quai Roussy.
Meizonnet, à Vauvert.
Audon père.
Bourdon, Grand'Rue.
Grange, plan St-Thomas.
Nougalliat, à St-Mamert.
Troussel, rue St-Antoine.

Nîmes, Typ. Baldy et Roger, r. Ste-...